AF260316

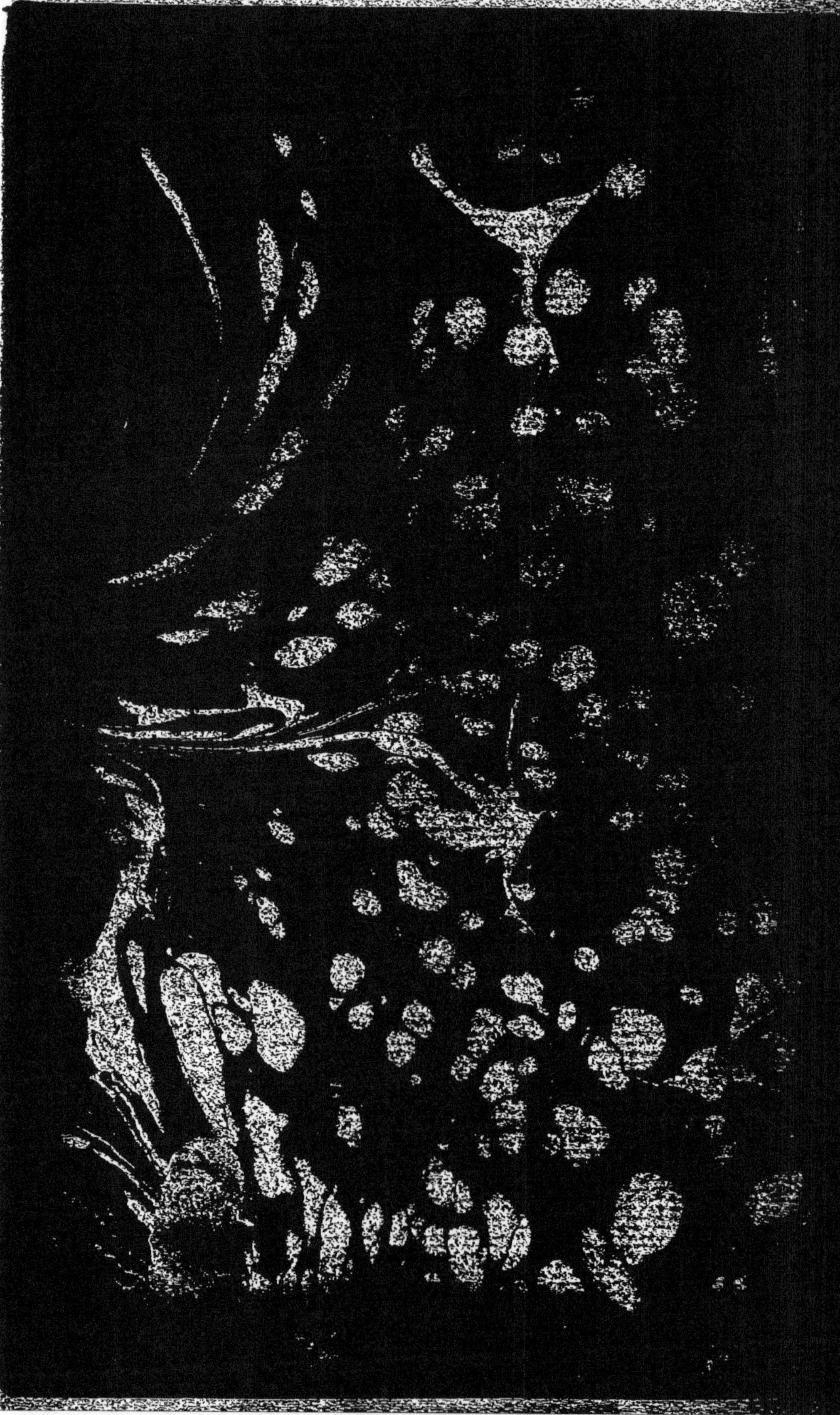

HISTOIRE

NATURELLE

DE L'AIR

ET

DES MÉTÉORES.

HISTOIRE

NATURELLE

DE L'AIR

ET

DES MÉTÉORES,

Par M. l'Abbé RICHARD.

TOME NEUVIEME.

A PARIS,

Chez SAILLANT & NYON, Libraires,
rue Saint-Jean-de-Beauvais.

M. DCC. LXXI.

Avec Approbation, & Privilège du Roi.

TABLE
DES TITRES
DU TOME NEUVIEME.

DISCOURS QUATORZIEME.

Sur différens météores ignées, & sur la nature & les qualités du feu.

Fin de la Table.

HISTOIRE

HISTOIRE
NATURELLE
DE L'AIR
ET
DES MÉTÉORES.

DISCOURS QUATORZIEME.

*Sur différens météores ignées,
sur les phosphores naturels,
& sur la nature & les qualités
du feu.*

Le feu répandu dans toute la masse de la matière circule sans

cesse autour de nous : il ne se développe jamais avec tant d'éclat,
que dans les grands météores dont
nous venons de parler, dans les
éclairs, les tonnerres & les foudres;
ce sont ses productions les plus formidables. Mais il se manifeste encore avec un appareil imposant, dans
une multitude d'autres phénomènes ignées, que jamais on ne voit
sans étonnement; parce que le plus
souvent ils se montrent tout d'un
coup sous un ciel serein, & dans
une atmosphère dégagée en apparence de toutes vapeurs surabon-
dantes.

On ne peut les regarder que comme des amas de matières inflammables, répandues dans l'air, que
la fraîcheur ou l'humidité rapprochent, & rassemblent en assez gros
volume, pour en composer des
corps de formes différentes. Mais
il en faut chercher l'origine dans
le sein même de la terre, d'où ils
s'élèvent avec impétuosité, à la région inférieure de l'atmosphère,

où ils répandent une lumière plus ou moins vive, toujours proportionnée à la quantité du phlogistique qui les anime, & à ses qualités actuelles. La plupart de ces phénomènes finissent par des détonations éclatantes, & ne laissent, après avoir disparu, que quelques étincelles éparses dans l'air, qui s'éteignent promptement, ou une fumée qui ne subsiste que peu d'instans.

Ces météores sont plus communs dans le voisinage des volcans que par-tout ailleurs : la fermentation y est plus forte, & la terre qui y regorge de matières ignées, presque toujours en mouvement, en rejette dans l'air de tems en tems des parties considérables. Mais comme il est également prouvé que le feu répandu dans toute la masse du globe, y excite des incendies souterrains & locaux, que l'on peut comparer à autant de petits volcans, dont l'effervescence dure très-peu : on ne doit pas être étonné de voir paroître de ces feux extraordinaires

dans les régions où il n'y a jamais
eu de volcans.

Quelques-uns de ces feux se portent loin du lieu de leur origine :
la force des vents seconde leur mouvement spontanée ; ils parcourent
un grand espace avant que de s'é-
teindre. D'autres sortis en masse,
& comme enveloppés de matières
qui éclipsoient leur éclat, s'en dé-
barrassent enfin, & venant à s'enflammer, brillent au haut de l'atmosphère comme des astres errans,
des espèces de comètes. D'autres
ne s'éloignent pas du sol qui les a
produits, leur présence désigne le
lieu de leur origine, ou s'ils s'en
détachent par l'action du vent ; on
les voit bientôt se dissiper & s'é-
teindre. Tels sont les différens
météores dont nous allons parler :
nous ne les considèrerons ici que
comme des espèces de foudres qui
s'élèvent de la terre, & se répandent dans l'air où ils font peu de
ravages ; mais qui en indiquent la
disposition actuelle, & souvent

annoncent des révolutions marquées dans l'ordre des saisons. Nous
avons déja eu occasion d'en parler
dans la théorie générale de l'air,
relativement aux changemens que
ces émanations extraordinaires peuvent établir dans la température
dominante des climats, où elles se
développent.

§. I.

Origine de la plupart des phé-nomènes ignées.

Ce que nous avons d'abord à
établir, c'est que ces feux sortent
de la terre, souvent d'une manière
visible, quelquefois fort divisés,
ou enveloppés d'une si grande
quantité de matières hétérogènes,
que ce n'est qu'après avoir long-
tems flotté dans le vague de l'air
qu'ils deviennent sensibles. Lorsf-
que des feux souterrains sont vivement allumés dans quelques parties
du globe, telles que les montagnes

qui renferment des volcans, on en voit sortir des flammes d'un rouge obscur, presque toujours accompagnées d'un bruit semblable à celui du tonnerre. Ce bruit est quelquefois simple & sans écho; il ressemble à celui du canon entendu d'une certaine distance. Quelquefois il est prolongé, & forme une espèce de mugissement. C'est ce que l'on remarque dans le voisinage du mont Hécla en Islande, du Vésuve, de l'Etna & de tous les volcans de l'Amérique qu'on a le mieux observés : il en est de même de ceux du Japon. En examinant ces feux singuliers, on voit que c'est la partie la plus subtile de la matière inflammable qui leur sert d'entretien. Si le soufre, le phlogistique proprement dit est mêlé avec une trop grande quantité de pierres, de sables, d'argile ou d'autres substances aussi froides & aussi compactes; il les met en fusion, sans les enflammer, & en forme un liquide singulier, qui, à raison de son épaisseur & de sa solidité, a une manière de couler qui lui est propre. C'est un torrent de matières embrasées, qui brûlent d'un feu obscur & noir, & qui doivent leur mouvement à l'action seule de ce feu : aussi-tôt qu'elle est rallentie, ces matières cessent de couler & arrivent promptement à une extrême dureté (*a*). C'est de ces sources que

---

(*a*) Tels sont les torrens enflammés que le Vésuve jette hors de son sein dans le tems de ses éruptions & que l'on appelle *laves*. Le sol des environs du volcan en est recouvert. C'est un courant de matières enflammées & fondues qui coule tant qu'il est assez échauffé pour conserver du mouvement, car une fois refroidi, il s'arrête, se condense, & prend la solidité d'une pierre dure & noirâtre. A plusieurs milles autour du Vésuve, on trouve par-tout de ces torrens de pierre fondue, presqu'au degré de vitrification, mêlés de bitume, de soufre, de fer & de cuivre, refroidis & endurcis sur la superficie du terrein qu'ils ont couvert. Les matières qui forment le corps de la lave ordinaire, conservent dans la plus grande effervescence, lors mê-

l'on voit fortir des globes , des gerbes , des colonnes de feu , qui tan-

---

me qu'elles coulent ; une folidité marquée;
elles font unies & ténaces à peu près comme
le bitume fondu. Si ces matières s'arrêtent
dans leur cours , on les voit s'élever & devenir poreufes à la furface , par le principe d'effervefcence qu'elles renferment en
elles , & non point par le mélange de l'air
extérieur , qu'elles ne reçoivent qu'autant
qu'il y eft introduit par quelques corps
étrangers , & que l'union même de leurs
parties , & le feu dont elles font pénétrées
en chaffent auffi-tôt. Ainfi ce torrent folide
& enflammé ne peut devoir fa chaleur &
fa cohérence qu'à la quantité du bitume
qui y domine. La lave refroidie devient
dure , folide , pefante , moins cependant
que la pierre ordinaire de carrière , qui a
environ un dixième de poids au-deffus de
la vieille lave , & un neuvième au-deffus
de la nouvelle , qui n'a encore contracté
aucune humidité. Elle eft plus dure que
plufieurs marbres à raifon de la grande
quantité de parties métalliques qui entrent
dans fa compofition ; elle ne prend pas le
poli auffi parfaitement , & fa furface regardée avec la loupe eft pleine de pores
& d'inégalités , que l'on fent même au
tact. Les rues de Naples en font pavées ,

tôt fe confument au-deffus de l'orifice du volcan, tantôt font portés affez loin dans l'air, toujours également vifibles. C'eft de-là que fort encore la matière d'autres phénomènes ignées, qui ne prend que loin de fon origine une forme capable de faire fenfation.

Les tremblemens de terre font ou précédés, ou accompagnés ou fuivis, d'éruptions de matières inflammables. Il fe fait dans ces circonftances de grandes ouvertures dans la furface extérieure du globe. Les chaînes de rochers, les bancs de pierres qui forment la voûte des cavités, dans lefquelles circule un air prodigieufement raréfié, par un feu d'autant plus violent qu'il eft plus contraint, font brifés par les chocs redoublés de ce fluide étonnant. Il fait éruption par les iffues

---

& beaucoup de maifons en font bâties. . .
V. la defcription hiftorique & critique de
l'Italie, tom. 4. édit. de 1769, & les mém.
de l'acad. des fciences, an. 1766.

A v

qu'il s'est pratiquées, se répand dans l'air, se mêle avec les différentes substances qui y circulent, & donne lieu à mille météores nouveaux, qui se succèdent sous des formes variées, à mesure que le fluide enflammé trouve des moyens de s'échapper des cavernes où il est retenu. Nous en avons rapporté plus d'un exemple, en parlant des phénomènes singuliers qui annoncèrent le dernier période du furieux tremblement de terre qui renversa Lisbonne. On n'éprouva pas des désastres aussi marqués dans le reste de l'Europe, quoique la même cause produisit dans toute son étendue, des effets qui ne permettoient pas de la méconnoître. On vit en France, en Suisse, en Allemagne, dans la Suéde & jusques dans la Norvège, des feux qui s'élançoient de la terre dans les airs, & dont la sortie étoit accompagnée de bruits semblables à celui du canon, ou au retentissement du tonnerre.

Les anciens connurent ces espèces

de feux, ils les regardèrent comme
une émanation des enfers sur la
terre. Ils imaginèrent des sacrifices
d'expiation pour calmer la colère
des dieux infernaux. Ils les redou-
toient d'autant plus qu'on ne pouvoit ni les prévoir, ni arrêter leurs
ravages : leur invasion paroissoit
beaucoup plus formidable que celle
des foudres qui venoient d'en haut.
Ils attribuèrent à une éruption de
ces feux, l'incendie terrible du fameux temple de la paix, où les ri-
chesses les plus précieuses de l'empire étoient en dépôt. Un léger
tremblement de terre fut la seule
marque à laquelle on put reconnoître la cause de son embrasement, &
ce mouvement en fit sortir des feux
assez ardens pour détruire dans une
seule nuit, & sans qu'il fût possible d'arrêter l'incendie, l'édifice le
plus magnifique de Rome, & les
dépouilles les plus riches des nations, qu'il contenoit. (*V. Herodian.
historiar. lib.* 2.) De pareils feux
s'élevèrent de terre à Antioche sous

A vj

le règne de Trajan. On a vu depuis
en Italie d'autres tremblemens de
terre accompagnés de tonnerres
souterrains, & d'éruptions de matières ardentes qui eurent les plus
terribles effets; le bourg de Triper-
golé, entre Pouzzols & Bayes, au
royaume de Naples, fut entièrement englouti dans un abyme de
feu pendant la nuit du 29 au 30
septembre 1538. Le premier septembre 1726, un tremblement de
terre affreux renversa une grande
partie de la ville de Palerme : un
volcan s'ouvrit dans le quartier de
Sainte Claire, qui le réduisit en
cendres. Nous ne nous occuperons
pas ici à donner une histoire suivie
de ces feux de terre, de ces volcans
momentanés dont nous avons déja
parlé dans la théorie générale de
l'air. Nous nous arrêterons un instant à ces feux qui parurent en
1754 dans la Marche Trévisane,
& particulièrement dans le bourg
de Loria & aux environs. Ces feux
étoient d'une espèce singulière : ils

paroiſſoient naître des corps mêmes
auxquels ils s'attachoient, ſur-tout
de la ſurface des toits de paille, &
des hayes de roſeaux. Ils n'avoient
point d'heure marquée ; on les
voyoit tantôt le jour, tantôt la nuit.
L'humidité ni le vent ne leur
éroient contraires. On ne les obſerva
jamais dans les lieux clos, mais toujours au-dehors ; & ils ſemblèrent
affecter certains endroits de préférence. Un ſeul hameau en fut at-
taqué une trentaine de fois, & une
même maiſon ſeize fois. On remarqua pluſieurs fois pendant ce tems
des étincelles emportées dans l'air ;
mais elles avoient ſi peu de conſiſ-
tance que l'approche du ſpectateur
les faiſoit évanouir. Ces feux furent
preſque toujours précédés, par une
aſſez forte odeur de ſoufre dont le
pays abonde, par le chant des coqs
& les hurlemens des chiens, cauſés
vraiſemblablement par la ſenſation
incommode que donnoit à ces animaux, la matière ignée, inviſible,
répandue dans l'air. (*Mém. de l'a-*

cad. des sciences, an. 1754. hist.
pag. 28.)

M. l'abbé Conti, dans ses réflexions sur l'aurore boréale, donne
une description abrégée, mais cu-
rieuse, des feux de même espèce
qui parurent dans la même province, depuis l'année 1706, jusqu'à l'année 1723. « Il sort, dit-il,
» de la terre, en certains tems & en
» certains lieux, des feux qui con-
» sument tout par leur activité. Il
» n'y en a guère eu de plus remar-
» quables que ceux qui éclatèrent
» dans la province de Trévise, &
» qui durèrent dix-sept ans envi-
» ron. Ils avoient un centre com-
» mun, d'où ils se répandoient au
» loin, formant une sphère déter-
» minée de matière ignée, plus
» dense à son centre, plus rare à
» sa circonférence. La plus grande
» quantité venoit du nord, il n'en
» venoit que peu du midi, & qui
» se consumoit en place sans s'é-
» carter. Tantôt ils tomboient à
» plomb par une ligne inclinée à

» l'horifon, tantôt ils prenoient la
» forme de traits qui s'élevoient
» verticalement, quelquefois ils
» s'étendoient en bandes horifon-
» tales. D'ordinaire ils reffem-
» bloient à des flambeaux plus ou
» moins grands : les plus confidé-
» rables, de figure ronde, prenoient
» un volume qui paroiffoit égaler
» celui du difque de la lune. Ils
» devenoient enfuite plus petits &
» fe divifoient : les uns reftoient
» immobiles, comme fixés à l'en-
» droit d'où ils étoient fortis de
» terre ; d'autres étoient dans un
» mouvement continuel, & fem-
» blables aux étoiles tombantes ; ils
» s'éloignoient affez du lieu de leur
» origine, & de la veine de terre
» qui paroiffoit fournir à leur fub-
» fiftance : quand ils devenoient
» plus languiffans, ils reftoient
» amortis pour un peu de tems :
» les pluies fembloient les irriter
» & leur donner une nouvelle vi-
» gueur. Leurs couleurs étoient auffi
» variées que leur figure : on en

» voyoit quelques-uns se raréfier
» en s'enflammant, & disparoître
» comme des éclairs. Ces feux
» étoient très ardens & causèrent
» beaucoup de ravages dans les cam-
» pagnes ». Il est bon de remarquer
que le sol de la Marche Trévisane
est en général assez fertile & bien
cultivé, quoiqu'il soit coupé par
des amas de gravier & d'autres matières hétérogènes qu'y déposent les
débordemens d'un torrent appellé
le Murjon, qui descend des montagnes qui bordent cette province
au nord.

Outre le dommage que ces feux
causèrent & leur durée, on doit
observer qu'ils avoient une origine
déterminée; & que s'ils sortoient
sans éclat & sans bruit, c'est que le
soufre qui en faisoit la base, n'é-
toit sans doute mêlé d'aucune autre
matière qui pût produire une détonation sensible : mais il falloit
que le réservoir en fût bien considérable pour les entretenir aussi
long-tems. Lorsque la matière en

étoit trop raréfiée, la pluie qui survenoit, en les condensant, les rendoit plus actifs & plus ardens, & ce qui auroit dû délivrer des malheureuses campagnes de ce fléau, ne servoit qu'à le rendre plus dommageable. On pourroit comparer à ces feux, ceux qui désolèrent les villages de Boncour & de Bros, en Normandie, en 1670 & en 1743 (a). Les feux qui parurent au mois de novembre 1769, dans la Lorraine Allemande & en Alsace, ressembloient assez à ceux de la Marche Trévisane, mais ils ne firent que se montrer pour disparoître aussi-tôt & ne causèrent aucun dommage. Tous ces feux auroient pu devenir la matière de foudres terrestres, de globes enflammés, & d'autres phénomènes de cette espèce, s'ils eussent été plus rassemblés dans le sein de la terre avant que d'en faire éruption.

____

(a) *V. le tom. 4. de cette histoire, p.* 271.

Mais par-tout où ils se montrent, on remarque un changement sensible dans l'état de l'atmosphère : les effluences du fluide ignée terrestre deviennent en quelque sorte dominantes, & d'ordinaire on voit une saison humide & souvent malsaine succéder à une saison sèche & plus gracieuse : c'est au moins ce que nous avons éprouvé dans ces derniers tems.

En supposant que le soufre est la matière dominante de ces sortes de feux, il faut d'abord examiner, si ce minéral seul & sans mélange peut produire des détonations marquées, ou s'il est nécessaire qu'il soit mêlé avec d'autres matières ? Peut-il seul donner lieu à la génération de ces foudres qui s'élèvent du sein de la terre dans les airs ? Il est difficile de rien avancer de certain à ce sujet. La flamme qu'il rend ordinairement n'est pas aussi vive, ni même de la couleur de celle des volcans considérés dans le tems de leur plus grande fermentation. En les exa-

minant de près, quoique l'on s'apperçoive que le foufre eft la matière
qui domine dans leurs foyers, il eft
aifé de voir qu'il n'agit pas feul,
tant par les impreffions qu'il laiffe
fur les corps qu'il attaque, que par
la diverfité des couleurs de la flamme. Dans ces circonftances on peut
admettre le mélange d'autres matières telles que le naphte, le pé-
trole, une forte de bitume terreftre
très-inflammable : ces fubftances
peuvent fe trouver mêlées en terre,
dans une forte d'engourdiffement
qui ne leur permet aucune action.
Mais combien d'accidens que l'on
ne peut prévoir; que de mouvemens inconnus dans l'intérieur du
globe peuvent les enflammer, &
les mettre en état de produire
des phénomènes ignées très-variés !
ce font ces matières qui après avoir
été long-tems dans l'inertie, donnent tout-d'un-coup l'exiftence à
de nouveaux volcans, envoient dans
l'air des globes de feu qui s'éteignent
par une forte détonation, & dont

l'origine est souvent moins éloignée qu'on ne l'imagine. On découvrit en 1760, dans le Laonnois, entre les villages de Cassieres & de Susi, une terre noire sulfureuse, mêlée de mine de fer en grain, & naturellement très - inflammable; elle est à vingt-deux ou vingt-quatre pieds au-dessous de la surface ordinaire du sol. Lorsqu'on la tire & qu'on la laisse exposée à l'air, elle s'allume d'elle-même, produit une grande chaleur capable d'embraser tout ce qu'elle rencontre, & se dissipe ensuite avec éclat. On doit supposer que c'est après qu'elle a été humectée, soit par les pluies, soit par les rosées abondantes; car on sait que c'est avec des matières semblables que M. l'Emeri composoit ses volcans artificiels.

Ce petit coin du globe ne renferme-t-il pas dans son sein la matière d'un volcan qui peut s'allumer un jour & subsister long-tems, si la veine des matières propres à l'entretenir est abondante? au moins il peut produire de tems à autres des phénomènes ignées fort singuliers, que l'on ne soupçonnera pas devoir sortir de cette terre, & qui cependant en tireront leur origine.

Les procédés de la chymie nous instruisent sur les opérations de la nature les plus singulières. Lorsque l'on renferme dans un vase du baume de soufre (*a*), & qu'on l'expose ensuite à un trop grand feu, il fait explosion, brise le vase, & se dissipe tout enflammé dans le laboratoire où il produit les mêmes effets que la foudre. Dans cette expérience le soufre seul excite une détonation marquée, mais on conçoit que c'est en agissant sur l'air qu'il raréfie prodigieusement & tout-d'un-coup. Lorsque l'on fait de l'esprit de vin éthéré, on voit naître des espèces de fleurs de soufre, lesquelles étant concentrées au

____

(*a*) Le baume de soufre est le soufre dissous dans l'huile.

point d'être réduites à la cinquième
ou sixième partie de leur volume,
acquierrent une telle force élastique,
qu'elles brisent la rétorte avec une
grande impétuosité. Beaucoup d'autres composés chymiques s'enflamment dans l'air & produisent de fortes explosions. Nous avons déja parlé
de l'or fulminant & de ses effets qui
sont aussi terribles que ceux de la foudre la plus violente. Une poudre fulminante faite avec trois parties de
nitre, deux de sel de tartre & une
de soufre, produit une détonation
semblable à celle du canon, lorsque
l'on met une dragme de ce mélange
dans une cuiller de métal & qu'on
la fait chauffer à un feu lent. L'a-
cide nitreux de Geoffroi s'enflamme dans l'air avec véhémence, avec
quelque sorte d'huile qu'on le mêle,
distillée ou tirée par expression. Un
procédé de la nature qui ressemble
beaucoup à ceux de l'art dont nous
venons de parler, se fait remarquer
dans les grosses bulles de bitume
qui s'élèvent du fond du lac Asphal-

tite, & qui se rangent vers ses
bords (*a*). Dès qu'elles ont éprouvé

(*a*) Les anciens n'ont point fait d'attention à ce petit phénomène : voici ce que
nous trouvons dans Diodore de Sicile, sur
le lac Asphaltite & son bitume. . . . Les
Arabes Nabathéens ont un lac qui produit
du bitume, dont ils tirent de grands re-
venus. Ce lac a près de cinq cens stades
de long sur soixante de large ; son eau
est puante & amère, de sorte que bien que
le lac reçoive dans son sein un grand
nombre de fleuves dont l'eau est excellente,
sa mauvaise odeur l'emporte, & l'on n'y
voit ni poissons ni aucun autre des animaux aquatiques. Tous les ans le bitume
s'élève au-dessus du lac, & occupe l'étendue de deux arpens & quelquefois de trois.
Ils appellent *taureau* la grande étendue,
& *veau* la petite. Cette masse de bitume
nageant sur l'eau, paroît de loin comme
une isle. On prévoit plus de vingt jours
auparavant le tems où le bitume doit
monter, car il se répand à plusieurs stades
aux environs du lac une exhalaison forte,
qui ternit l'or, l'argent & le cuivre ; mais
la couleur revient à ces métaux dès que
le bitume est dissipé. Cependant les lieux
proches du lac sont malsains & corrom-
pus, les hommes y sont languissans, &

quelques inftans l'action de l'air extérieur, elles fe brifent en mille morceaux, avec une forte détonation fuivie d'une fumée épaiffe, & fe diffipent. (*Muffenb.* §. 2524.)

On apprend donc, & des phéno-

---

vivent peu. . . . *Diod. de Sicil. liv. 2. n. X. tom. 1. de la trad. de l'abbé Terraffon. Il eſt encore parlé du lac Aſphaltite au liv. 19. tom. 6. de la même traduction*, où il eſt remarqué que les eaux de ce lac foutiennent naturellement à leur furface tout corps capable de refpiration, fans qu'il foit befoin qu'il nage. Les Arabes portoient autrefois l'afphalte en Egypte, où ils le vendoient à ceux qui embaumoient les corps, qu'ils n'auroient pu préferver de la corruption fans le mélange de cette matière avec d'autres aromates. *Haffelquiſt*, dans fon voyage du Levant (tom. 2. p. 87.) nous apprend que les Arabes qui continuent de ramaffer en automne une quantité confidérable d'afphalte fur le bord du lac, le portent à Damiette, où on l'achete pour teindre les laines. Quoique l'on affure qu'il n'y a point de poiffons dans ce lac, on trouve fur fes rivages quantité de coquillages, mais il n'y croît aucune plante ni rofeaux.

mènes

mènes de la nature & des procédés
de l'art, qu'il s'échappe des entrailles de la terre, ainſi que des creu-
ſets de la chymie, quantité de
mélanges très-ſuſceptibles d'em-
braſemens, capables des plus violentes exploſions, & que l'on ne
peut conſidérer que comme des matières fulminantes de différentes
eſpèces. Il y a des ſortes de terres
qui produiſent plus de ces matières
que d'autres : elles s'y renouvellent
de tems en tems, & engendrent
des feux tantôt fixes & conſtans,
ainſi qu'il eſt arrivé à la province
de Tréviſe ; tantôt paſſagers & in-
certains dans leur retour, ainſi que
dans leur durée. Les Religieuſes
de Sainte Chriſtine à Boulogne en
Italie, firent obſerver, en 1745, un
angle d'une tour de leur monaſtère
où ſe trouvoit un trou qui donnoit
paſſage aux eaux de pluie, qui tomboient dans une citerne ſituée au-
deſſous : on en avoit vu ſortir un
globe de feu emporté du mouvement le plus rapide, & qui s'étoit

Tome IX. B

élancé contre la tour en produiſant
une horrible détonation. Une re-
ligieuſe fort âgée aſſura que pluſieurs années auparavant elle avoit
vu s'élever du même endroit de la
baſſe-cour, une flamme qui s'étoit
portée ſur le haut de la tour, où
elle s'étoit diſſipée avec exploſion.
Ce qui arriva dans cet endroit déterminé, ne prouve-t-il pas qu'il ſort
de certaines parties de la terre, une
matière fulminante, très-propre à
produire des foudres, des globes
de feu, & d'autres météores de ce
genre, que l'on peut obſerver quelquefois ſi près du lieu de leur origine, que l'on s'en aſſure poſitive-
ment, ainſi que de leurs cauſes.
Mais on conçoit auſſi que ces mêmes
matières fulminantes ne ſortent pas
toujours avec des diſpoſitions auſſi
prochaines à la détonation, qu'elles
ſont quelquefois moins abondantes,
moins compactes, & qu'alors emportées dans l'air par les vents, elles ne
prennent une forme apparente que
loin du lieu de leur origine, où

elles arrivent enfin au moment de leur explosion. Quelquefois elles éclatent en l'air; quelquefois devenues plus pesantes par l'accession d'autres matières, ou resserrées par une humidité accidentelle, elles tombent & se brisent sur le premier corps qui les arrête dans leur chûte.

Cependant toutes choses égales, ces météores doivent être plus fréquens au-dessus des terres qui en recèlent la matière dans leur sein, & dans leur voisinage, que dans les régions dont le sol est froid & humide, où l'on ne trouve ni soufres, ni bitumes, ni huiles d'aucune espèce, quoiqu'en général dans toutes les terres de quelque qualité qu'elles paroissent à l'extérieur, il s'y forme de tems en tems des incendies qui se manifestent par des phénomènes d'autant plus étonnans, que l'on y est moins accoutumé, & qu'il est plus difficile d'en soupçonner la cause.

Il est donc constant que le globe

terrestre est pénétré dans toute son étendue, d'une matière ignée très-active. C'est à cette cause que nous avons rapporté principalement la chaleur qui se fait ressentir dans la région inférieure de l'atmosphère. Mais pour la production des phénomènes dont nous sommes occupés à retracer l'histoire, nous devons concevoir l'intérieur du globe comme traversé en tous sens par différens canaux qui, de même que les vaisseaux répandus dans le corps humain, portent dans toute sa substance des sucs divers, qui se mêlant entr'eux, ou avec des matières tout-à-fait hétérogènes, se heurtent réciproquement, s'échauffent, entrent en fermentation & occasionnent des incendies locaux & une raréfaction violente, suivie de très-grands mouvemens, qui deviennent sensibles & font des ravages proportionnés à leur volume, au tems que dure leur fermentation & à l'incendie qui en résulte. C'est ce qui arrive sur-tout si le soufre se trouve raſſemblé dans une quantité ſuffiſante, & ſi ſon action eſt augmentée par le mélange de matières nitreuſes & minérales. Car ſi le vrai phlogiſtique, le ſoufre manquoit dans ces mélanges, qu'il n'y eût plus que des ſels & du nitre; en quelque quantité qu'ils fuſſent mêlés avec des matières minérales; il n'en réſulteroit plus que des concrétions d'une dureté extrême, des glaces & d'autres congélations ſouterraines dont l'effet eſt de donner à la matière du globe une ſolidité plus marquée, & de la réduire à un état d'inertie qui détruit le principe de la fécondité, par-tout où elle eſt bien établie. Nous en avons rapporté plus d'un exemple dans la théorie générale de l'air, lorſque nous avons parlé de la température des terres ſeptentrionales. Quoique le feu ſoit dans ces régions le principe du peu de mouvement répandu dans la ſurface extérieure du globe, le ſoufre y eſt en ſi petite quantité, qu'il ne produit que ra-

rement de ces phénomènes fi communs dans les régions tempérées &
prefque continuels dans la zone
torride, où la nature déploie fes
forces avec une impétuofité qui détruit très-rapidement ce qu'elle a
produit avec une promptitude pref-
qu'égale. D'un côté un excès de
mouvement eft la caufe de la deftruction des êtres, de l'autre c'eft une
inertie extrême qui en arrête la production. Tels font les effets de l'excès de la chaleur & de l'excès du
froid.

Le moyen le plus fûr de connoître les phénomènes de la nature,
s'il pouvoit être employé fouvent,
ce feroit de contrefaire fes procédés,
& d'en donner, pour ainfi dire, des
repréfentations, en faifant produire
des effets femblables à des caufes
que l'on connoîtroit & que l'on
mettroit en action. Alors on ne
devineroit plus, on verroit de fes
yeux, & on feroit fûr que les phénomènes naturels auroient les mêmes caufes que les artificiels, ou du
moins des caufes bien approchantes.

C'est ainsi que M. l'Emeri parvint à donner une idée senſible, & une vraie repréſentation de la production des volcans. Ayant enfoui en terre, à un pied de profondeur pendant l'été, cinquante livres d'un mélange de parties égales de limaille de fer, & de ſoufre pulvériſé réduit en pâte, avec une quantité ſuffiſante d'eau : au bout de huit ou neuf heures, la terre ſe gonfla & s'entrouvrit en quelques-endroits, il en ſortit des vapeurs ſulfureuſes & chaudes, enſuite des flammes. Il eſt aiſé de comprendre qu'une plus grande quantité de fer & de ſoufre mélangés, misà une plus grande profondeur en terre, étoit tout ce qui manquoit pour en faire un véritable volcan. On a encore éprouvé que cette même pâte rendue plus compacte, & miſe à une plus grande profondeur en terre, s'enflamme de même, fait éruption avec un éclat plus marqué, & jette au loin toute la terre dont elle eſt couverte. Plus l'obſtacle eſt fort,

plus l'action du feu est violente dès
qu'elle parvient à le vaincre. Les
feux de la Marche Trévisane renfermés dans un sol pierreux, plus
dur, hérissé de rochers, auroient
bouleversé toute la face de ce pays,
mais comme ils sortoient sans effort,
ils ne faisoient que briller en l'air
ou consumer les corps auxquels ils
s'attachoient.

Ce feu est souvent enveloppé
dans d'autres substances, où on ne
le soupçonneroit pas : il en est développé par les matières en apparence les plus opposées à son action. Qui est-ce qui ne connoît pas
cette espèce de craie blanche que
l'on trouve en Angleterre ; si on en
jette un morceau dans un pot d'eau
froide, elle y excite une grande
ébullition, suivie d'une telle chaleur que l'on y peut faire cuire des
œufs.

D'après ces expériences communes & dont il est facile de s'assurer, on ne peut plus douter que
la terre ne renferme dans son sein

plufieurs matières inflammables,
homogènes, qui y reftent dans
l'inaction tant qu'elles font enveloppées par une matière lourde,
froide, immobile. Mais fi les molécules ignées qui contiennent en
elles un principe conftant d'activité, viennent à être débarraffées
de ces corps étrangers qui les con-
traignent, & à être mifes en mouvement par quelque courant d'eau
fouterraine : bientôt elles s'échauffent, elles fermentent, & elles
modifient de même l'eau, que l'on
peut regarder comme la caufe oc-
cafionnelle de leur action. Les eaux
minérales, fulfureufes, chalibées,
& chaudes, font la preuve démonf-
trative de l'exiftence de ces feux
fouterrains, & de la diffolution des
différentes matières dont ces eaux
fe chargent dans leur cours. Par la
raifon contraire on peut fe faire
une idée des caufes du froid qui
règne dans l'intérieur du globe, des
congélations & des glaces que l'on
trouve dans fon fein, & qui font

le réfultat du mélange des nitres &
des fels dans l'eau, à laquelle ils
communiquent le plus haut degré
de froid, au point de la porter à
une folidité prefque inaltérable.
C'eft fans doute ainfi que fe forment
les cryftaux foffiles que l'on rencontre dans différens pays.

Ces obfervations & ces expériences prouvent encore que la température peut changer dans le fein
même de la terre, par différentes
caufes tout-à-fait indépendantes de
l'action du foleil, & de la chaleur
qu'il communique à notre atmofphère. Car on ne peut pas regarder fes rayons comme la caufe du
froid & du chaud que l'on éprouve
dans les fouterrains les plus profonds où l'on ait pénétré jufqu'à
préfent, puifque la température qui
domine à la furface du globe, &
que l'on peut rapporter autant à
l'action du foleil qu'aux effluences
du fluide ignée, ne répond jamais
à la température de ces grottes. Si
aucune caufe étrangère n'y fait fentir

ſes effets, le thermomètre y reſte
conſtamment au même degré d'é-
lévation, dans la plus grande rigueur de l'hiver, comme dans les
chaleurs les plus ardentes de l'été.
Cependant il arrive quelquefois
que le thermomètre y varie, & que
l'on y éprouve des viciſſitudes ſenſibles de froid ou de chaud. Or
elles ne peuvent pas être occaſion-
nées par la chaleur de l'atmoſphère :
il faut donc en chercher les cauſes
dans le ſein même de la terre, &
ces cauſes ſont ſujettes à des variations extrêmes, qui tantôt les
rendent très-actives, tantôt les tiennent dans la plus grande inertie,
ſuivant que les corps, dont le mélange & les qualités oppoſées produiſent le froid & la chaleur, agiſſent les uns ſur les autres, ou ſont
en repos.

Les volcans & les tremblemens
de terre ſont des preuves de cette
alternative irrégulière de mouvement & de repos. Les plus violentes éruptions des volcans ſont ſui-

vies d'intervalles considérables de tranquillité. Certaines contrées sont plus exposées que les autres aux tremblemens de terre, mais elles n'en sont pas dévastées continuellement. Enfin le Vésuve & l'Etna, les volcans du Japon & ceux de l'Amérique, n'ont pas toujours brûlé, & ne vomiront pas toujours des torrens enflammés :

Nec quæ sulphureis ardet fornacibus Etna,
Ignea semper erit, neque enim fuit ignea semper,

Lorsqu'Ovide écrivoit, on ne soupçonnoit pas encore que le Vésuve renfermât dans son sein un feu qui dût produire un jour des incendies si formidables. On sait la date de leur première éruption, & la postérité pourra fixer le tems auquel ils s'éteindront. Mais toujours ils feront un monument de l'existence & de l'action des feux renfermés dans le sein de la terre.

§. II.

Observations sur différens phénomènes ignées. Globes de feu vus en l'air.

De tems en tems & presque dans toutes les régions de la terre, il paroît des phénomènes qui en sont la preuve la moins équivoque. Outre ceux dont nous avons déja parlé plus haut, & qui nous apprennent que ces feux souterrains prennent quelquefois un tel degré de densité par la réunion des particules sulfureuses qui en font la base, à d'autres substances inflammables, qu'ils sortent avec violence du sein de la terre, souvent en masses lancées avec effort, & quelquefois aussi nuisibles que les foudres les plus actives, tels que ceux de la Marche Trévisane, & les autres dont nous avons déja donné quelques détails : on en a vu reparoître en différentes provinces de l'Europe, & dans une

grande partie de la France, presque
en même-tems.

La nuit du 11 au 12 novembre
1761, on vit en plusieurs endroits
des feux considérables, mais qui
durèrent peu de tems, & ne causèrent presque aucun dommage; ils
se montrèrent cependant sous la
forme la plus effrayante, & dans
un très-grand volume. On les observa à Genève, dans le Beaujollois, en Bourgogne, à Paris, en
Picardie, dans le même tems à-peu-
près à la même heure, avec des
effets variés.

A Genève à deux heures & demie du matin on vit en l'air un
large globe de feu, qui peu après se
changea en une longue traînée de
lumière, & se dissipa ensuite avec
une explosion assez forte, la lumière
qu'il rendoit étoit si éclatante que
lorsqu'il disparut, ceux qui l'avoient
observé crurent être dans les plus
profondes ténèbres, quoique le ciel
fût très-serein, & que la lune eût
encore plusieurs heures à rester sur

l'horifon. Ce phénomène ne fut apperçu à Genève & dans les environs, que par les gens de la campagne, & les fentinelles de la ville, ce qui empêcha de déterminer à quelle élévation il avoit paru. Sa direction étoit du fud à l'oueft. On crut fentir en même tems une légère fecouffe de tremblement de terre accompagnée de bruits fourds, & qui vraifemblablement étoit occafionnée par l'éruption fubite & violente de la matière ignée. Le même jour & à la même heure, deux habitans du bourg de Dorne, près de Moulins en Bourbonnois, apperçurent un pareil météore qui leur fembla tomber du ciel, & être, en approchant de terre, du volume & de la forme d'une botte de paille enflammée.

Le même jour, entre quatre & cinq heures du matin, un phénomène femblable fut obfervé en plufieurs endroits de la Bourgogne. On écrivoit de Dijon, à cette date, qu'il s'étoit formé autour de la lune un nuage qui paroissoit avoir environ cinquante pieds de circonférence, d'où il étoit sorti subitement un feu si vif, & d'un volume si considérable, que la plupart des spectateurs ne pouvant en soutenir l'éclat, se jettèrent le visage contre terre. Cette espèce d'embrasement du ciel dura quelques minutes, & fut suivi d'un bruit approchant de celui de plusieurs canons en batterie. A la même heure on vit des feux semblables rouler à peu de hauteur dans l'air, au-dessus des montagnes qui s'étendent de l'est à l'ouest entre Issurtille & Dijon. Un habitant de la paroisse de Chaignay, diocèse & bailliage de Dijon, homme assez sensé, honnête & fort pieux, les vit de si près, & fut si étonné de ce spectacle inattendu, qu'il crut qu'il lui présageoit une mort prochaine. Frappé de cette idée, il se mit au lit, se fit administrer les sacremens de l'église, & mourut à la fin du mois de décembre suivant, toujours occupé de cette idée, dont

il fut impoſſible de le faire revenir.
Il n'eut, pendant ſix ſemaines qu'il
garda le lit, aucun ſymptôme de
maladie dangereuſe & mortelle : ce
furent les ſuites de la peur qui le
minèrent inſenſiblement & lui cau-
ſèrent enfin la mort.

Des habitans de Buſſi-le-Grand,
au bailliage de Chatillon-ſur-Sei-
ne, allant à une foire voiſine, apperçurent un pareil météore ; ils
n'en furent point effrayés, ils crurent ſeulement que la lune ſe le-
voit une ſeconde fois, & étoit beaucoup plus brillante qu'à ſon ordinaire, à en juger par la lumière
dont ils étoient environnés. Ce qui
les étonna le plus, les épouvanta
même, & en fit rentrer une partie
chez eux, c'eſt qu'après que le météore eut diſparu, ils ſe trouvèrent
dans les ténèbres les plus épaiſſes.
Son cours étoit alors de l'eſt à l'oueſt.

On obſerva un phénomène ſemblable & dans la même direction,
le long du cours de la Saône, & on
prétendit l'avoir vu d'aſſez près pour

être affecté de quelque sentiment de chaleur à son paffage. Dans cette dernière obfervation le météore fut apperçu comme un globe de feu très-rouge, d'un volume confidérable, qui fe diffipa après avoir parcouru environ fix lieues, avec un bruit qui fe fit entendre fort loin, dans la plaine qui eft entre Dole en Franche-Comté, & la Saône. La même nuit des gens de la campagne virent des météores ignées tous femblables les uns aux autres, non-feulement à Paris & dans les environs de Vernon, mais à Ham en Picardie, qui eft à un degré au nord de Paris, & à Villefranche en Beaujollois, qui en eft à plus de quatre-vingt-dix lieues; ce qui fit dire que la diftance des lieux, où l'on avoit remarqué ce phénomène, en même-tems & à la même heure, prouvoit qu'il étoit fort au-deffus de la hauteur ordinaire des nuages.

Je n'étois pas alors en Bourgogne : on m'envoya quelques-unes de ces obfervations à Rome, où je paſſois l'hiver : je les communiquai à pluſieurs phyſiciens habiles, entr'autres aux célèbres PP. Jacquier & le Sueur, minimes françois ; tous s'accordèrent à dire que ces phénomènes étoient l'effet de différentes éruptions locales, & que ce n'étoit ſûrement pas le même météore que l'on avoit obſervé à la même heure, dans les différentes provinces de France, d'autant plus que dans le voiſinage de Dijon, ſur les bords de la Saône, à Genève, dans le Bourbonnois, on l'avoit vu ſe diſſiper ſous différentes formes, à peu de diſtance de la terre, avec une détonation dont le bruit n'avoit pas été égal. On n'a pas dit que ces feux, quelque conſidérables qu'ils fuſſent, euſſent produit aucun incendie : c'étoit des eſpèces de foudres de la nature de celles que les anciens appelloient *fulmen brutum*, qui toutes ſortoient des différentes parties de la terre, dans une grande étendue de la France, dans laquelle la diſpoſition

de l'air devoit être semblable, pour
que les exhalaisons ignées se mon-
trassent par-tout sous la même forme. Car quoiqu'il soit nécessaire
d'admettre pour la production de
ces météores une chaleur interne,
& des matières en fermentation
dans le globe, qui s'en échappent
par différentes issues; il faut reconnoître encore d'autres circonstances particulières, telles qu'une
certaine humidité, qui favorise l'é-
ruption de ces feux & qui les porte
à se rassembler; une température
moyenne entre le sec & l'humide,
& sans doute d'autres circonstances
dont la plupart nous sont inconnues;
mais qui ne se rencontrent que rarement ensemble, puisque ces sortes de météores ne se montrent pas
souvent, sur-tout en si grand nombre, & dans des régions aussi éloignées les unes des autres. Il n'est
pas étonnant que de tems à autres,
on en voie paroître dans différens
pays: les dispositions de la terre &
de l'air propres à les produire peu-

vent se trouver pour quelques instans dans une région déterminée
de l'atmosphère : mais ils ne doivent pas tous leur existence aux
mêmes causes. Il y en a de si singulières que l'on ne peut que les
deviner , encore faut-il se servir
des lumières que l'on tire des procédés de l'art pour arriver à la connoissance de ces effets particuliers
de la nature. Les formes bisarres
que prennent la plupart de ces météores, peuvent encore servir à faire
connoître les matières dont ils sont
composés : il est donc essentiel d'y
faire attention; de se familiariser
en quelque sorte avec elles. Ainsi
elles perdront aux yeux d'un observateur éclairé tout ce qu'elles présentent de merveilleux & quelquefois d'effrayant au vulgaire étonné,
qui en tire mal-à-propos des indices
sur des évènemens à venir qui ne
peuvent y avoir aucun rapport. La
vraie philosophie doit sur-tout s'ap-
pliquer à diminuer la somme des
erreurs populaires, d'où résultent

mille inquiétudes chimériques,
mille terreurs imaginaires, qui produisent plus souvent qu'on ne le
pense des fausses démarches & des
maux très-réels, en mettant les esprits dans un trouble funeste, qui
jette l'organisation dans un désordre souvent irréparable.

Ces phénomènes extraordinaires
frappent nécessairement les sens,
ils surprennent & effrayent les uns,
ils amusent & intéressent les autres:
mais tous sont, pour l'ordinaire,
dans l'ignorance des causes physiques & méchaniques auxquelles ils
doivent leur existence. Ce sont donc
ces causes qu'il est important de
développer, pour fixer les jugemens
de l'esprit, arrêter les écarts de l'imagination, calmer les craintes, appren-
dre à tous les hommes autant qu'il est
possible, au peuple même, que dans
ces circonstances la nature agit suivant
des loix déterminées & nécessaires,
qu'il faut dévoiler. C'est ainsi que
l'on éclaire & que l'on satisfait les
esprits, & ce n'est pas par des termes

généraux que l'on emploie indifféremment dans toutes occafions & qui
ne conviennent pas mieux dans les
unes que dans les autres que l'on
peut faire connoître & fentir la vérité. La lumière de fon flambeau
ne doit jamais être indécife, ni enveloppée de nuages, quelque brillant qu'on leur donne. L'art le plus
fubtil à cacher fous de belles apparences une incapacité réelle, doit
quitter la route battue, quelque
facile qu'elle paroiffe à fuivre, &
ne s'attacher qu'à la nature & à fes
procédés, dont il faut obferver les
variations & en rendre compte, fi
l'on veut contenter les efprits, &
les affurer dans une manière de
penfer & de voir conforme à la vérité; il n'y a que cette méthode
d'utile.

Le 7 du mois de janvier 1700,
une heure avant le jour, on vit, de
la Hogue en Baffe-Normandie, un
tourbil'on de feu fi éclattant, qu'il
effaçoit la lumière de la lune. Les
habitans de Saint - Germain - des-

Vaux & d'Auderville, deux gros villages situés sur le bord de la mer, crurent d'abord qu'il étoit jour, & furent fort effrayés d'une clarté si prodigieuse. Ce feu avoit la figure d'un grand arbre, & couroit de l'ouest-nord-ouest, à l'est-sud-est. Il étoit plus d'une heure de jour quand il tomba, & ce fut avec un si grand bruit, que les maisons de ces deux villages en tremblèrent. Ceux de douze lieues de Cherbourg crurent qu'il étoit tombé sur Valognes, & ceux de Valognes crurent que c'étoit sur Cherbourg. Mais comme les habitans des environs de la Hogue furent les seuls qui entendirent le bruit & sentirent le tremblement que sa chûte causa, ils sont les témoins les plus croyables sur ce point : il leur parut que cette flamme se perdit dans la mer aux environs de la petite isle d'Origni, & ce spectacle fut pour eux à-peu-près le même que celui d'un gros vaisseau qui auroit été en feu. (*V. les mém. de l'acad. des sciences, an.* 1700.)   Le

Le 26 décembre 1704, on vit, à cinq heures trente minutes du foir, à Marfeille, & à cinq heures trois quarts à Montpellier, un phénomène lumineux de l'efpèce du précédent. A Marfeille où il fut le mieux obfervé, il parut fous la forme d'une poutre ardente pouffée de l'eft à l'oueft affez lentement. Le vent étoit à l'eft, elle partit d'auprès de Vénus, au moins à en juger à la vue, & alla jufqu'à la mer où elle fe plongea tout au plus à deux lieues au large. On avoit vu auparavant à Marfeille ou aux environs, deux poutres femblables, ayant le même mouvement. A Montpellier on vit un globe de feu tomber à quelque diftance de la ville; l'air étoit alors fort ferein & calme; une couleur jaune très-foible teignoit tout le couchant à la hauteur de plus de dix degrés. (*V. les mém. de l'acad. des fciences, an.* 1705.)

Ces deux phénomènes obfervés à-peu-près dans la même faifon,

Tome IX.   C

mais dans des climats différens, &
dont la température eſt rarement
égale, nous annoncent combien les
diſpoſitions de l'atmoſphère contribuent aux apparences ſous leſquelles on les voit. Dans celui des côtes
de Normandie, la matière étoit
plus ardente, plus vive, le phlogiſtique qui y dominoit devoit être
mêlé d'une grande quantité de nitres & de ſels. On en peut juger
par la détonation qu'il fit en s'éteignant dans la mer, & par le mouvement qu'il imprima à la région
inférieure de l'atmoſphère, qui ſe
communiqua ſi vivement aux maiſons ſituées à la côte. Un pareil phénomène, dans une région plus froide encore, eût eu un effet plus
marqué. Sur les côtes de Provence
le phlogiſtique ſeul paroiſſoit réuni
par la fraîcheur & l'humidité de
l'air : le météore fut tranquille &
ſe diſſipa ſans bruit : les teintes qui
coloroient l'horiſon, annonçoient
aſſez les diſpoſitions de l'atmoſphère, & les matières qui y do-

minoient. On peut regarder celui de la Hogue comme une portion de matière d'aurore boréale qui, dans une région de l'air plus élevée, & moins embarrassée de vapeurs épaisses, eût produit un phénomène plus étendu & plus brillant. Sa durée prouvoit encore combien la matière étoit condensée, abondante & resserrée sur elle-même par l'action de l'air.

Pendant l'automne de 1723, on observa dans le voisinage du pays des Natchez, à la Louisiane, un phénomène de cette espèce, qui nous offre d'autres singularités. L'observateur tourné à l'ouest, apperçut une lumière extraordinaire qui le frappa. A l'instant il vit partir du midi à la hauteur d'environ quarante-cinq degrés au-dessus de l'horison, une lumière de la largeur de trois doigts, qui fila vers le nord toujours en s'élargissant, & qui se fit entendre en sifflant, comme la plus grosse fusée volante. Il jugea à la vue que cette lumière ne

pouvoit guère être au-deſſus de
l'atmoſphère, & le bruit ou le ſif-
flement qu'il entendoit le confirma
dans ſon idée. Quand elle fut à
quarante-cinq degrés au-deſſus de
l'horiſon du côté du nord, elle s'ar-
rêta & ceſſa de s'élargir en cet endroit : elle paroiſſoit large de vingt
doigts, de ſorte que dans ſa courſe,
qui avoit été très-rapide, elle avoit
pris la figure d'une trompette marine. Elle laiſſoit dans ſon paſſage
des étincelles très-vives & plus brillantes que celles qui ſortent de deſſous le marteau du forgeron ; elles
s'éteignoient à meſure qu'elles s'é-
chappoient du corps enflammé. A
cette hauteur du nord qui vient
d'être indiquée, il ſortit du milieu
du gros bout, avec bruit, un boulet tout rond & ardent. Ce boulet
avoit environ ſix doigts de diamètre, il alla tomber ſous l'horiſon au
nord & renvoya environ vingt minutes après un bruit ſourd, mais
très-gros, l'eſpace d'une minute au
moins, & qui ſembloit venir de

fort loin. La lumière commença à s'affoiblir du côté du midi après la fortie du boulet, & fe diffipa enfin avant que le bruit de détonation fe fût fait entendre (*a*).

Ce phénomène mérite d'être remarqué, en ce que l'obfervateur fe trouva à portée de le voir naître & finir, ce qui arrive rarement. Il décrivit un très-grand cercle paroiffant s'être élevé de terre au midi, & de-là s'être porté jufqu'au nord: Quelle devoit-être la force de la première explofion pour lui donner un mouvement qui fe foutînt dans un fi grand efpace? quelle fingularité, que ce boulet enflammé, qui fort d'une efpèce de canon ou de mortier de feu? comment en expliquer la formation? Je crois qu'on doit le regarder comme un phénomène unique dans fon genre. Il dut néceffairement effrayer un peuple

---

(*a*) *Hift. de la Louifiane*, tom. 1 p. 194. *Paris* 1758.

ignorant & superstitieux, aussi répandit-il d'abord une allarme générale, mais comme il ne fut suivi d'aucun évènement sinistre, on l'oublia aisément.

Ces phénomènes n'étonnent jamais autant que lorsqu'on les apperçoit tout d'un coup sous une forme extraordinaire, & qu'ils disparoissent presqu'au même instant; c'est ce qui arrive à la plupart de ces foudres terrestres qui se montrent plus souvent sous la forme de globes embrasés que sous aucune autre. Mussenbroeck (§. 2526.) rapporte que quelque tems après que le roi Philippe V fut entré dans Madrid, un globe de feu qui étoit aussi gros que la tête d'un homme tomba sur la chapelle royale : ce globe ayant percé le toit, se divisa en deux parties qui parcoururent toute l'étendue de la chapelle. L'une se divisa en plusieurs petites parties que l'on vit bondir d'une manière suprenante & qui se dissipèrent enfin. Les suc-

cès du jeune monarque ne permi-
rent pas de tirer des augures sinistres de ce phénomène. On a vu,
dit encore Muſſenbroeck, plusieurs
globes de cette espèce tomber du
ciel, en parcourant des lignes courbes, semblables à celles que décrivent les bombes : mouvement qui
semble indiquer clairement, qu'ils
étoient lancés en l'air par quelque
explosion terrestre.

En 1711, à Sampfort-Courte-
ney dans le Devonshire, quelques
personnes assemblées sous le portail
de l'église, virent tomber au milieu
d'elles une boule de feu qui, venant à éclater, les renversa par terre.
On remarqua en même-tems qua-
tre autres globes de feu gros comme
le poing, qui étoient tombés dans
l'église, qu'ils remplirent de feu
& de fumée par leur explosion.

Barham vit dans la Jamaïque un
globe de feu de la grosseur d'une
bombe, qui tomba du haut de l'air
à terre, & y fit plusieurs trous, entre lesquels il y en avoit un de plus
C iv

d'un pied de diamètre, & si profond qu'on ne put le sonder avec des cordes qui se trouvèrent en cet endroit; les autres n'avoient que quatre ou cinq pouces d'ouverture. Il auroit fallu être sur les lieux mêmes, pour observer ces différens effets, & voir si ce trou si profond n'existoit pas avant que le globe y tombât; s'il n'avoit pas été formé par quelque éruption antérieure, ou si ce n'étoit pas de ces sortes d'ouvertures que les eaux souterraines se pratiquent au travers des terres légères qui en couvrent de très-grands réservoirs, & desquelles il est difficile de trouver le fond. Il y a toujours à craindre que ceux qui parlent de ces phénomènes qui les ont effrayés n'y ajoutent quelques circonstances pour les rendre plus merveilleux, & pour justifier leur étonnement & leurs craintes.

En 1740, la nuit du 23 au 24 février, on vit vers la rade de Toulon un globe de feu comme violet, qui s'étant élevé peu-à-peu,

plongea enfuite dans la mer, d'où
il fe releva comme une bale qui ré-
fléchiroit, après quoi étant parvenu
à une certaine hauteur, il creva &
répandit divers globes de feu dont
les uns parurent tomber dans la mer
& les autres vers les montagnes. Le
bruit qu'il fit en crevant fut femblable par l'éclat à celui du plus
gros tonnerre ; mais comme il dura
peu & fans retentiſſement, on pouvoit le comparer plutôt au bruit
d'une bombe qui éclate.

Les mémoires de l'académie des
fciences (*an.* 1756, *hiſt. pag.* 23.)
rapportent qu'on apperçut à Leide
le 15 août, fur les fept heures &
demie du foir, un globe de feu rougeâtre qui paroiſſoit fe mouvoir du
nord au fud. Ce globe fe fépara
dans fon cours en pluſieurs parties
brillantes qui crevèrent avec un
bruit femblable à celui du tonnerre : Quelques-unes tombèrent à
terre fans fe divifer. Le diamètre
apparent du globe étoit d'environ
quatre pouces : il n'étoit pas abfo-
C v

lument rond, mais un peu ovale
avec une petite queue blanchâtre.
Son éclat étoit tel, que les corps
terreſtres donnoient une ombre ſenſible à la lumière. Son mouvement
étoit parallèle à l'horiſon comme
celui d'un trait de feu, & aſſez
rapide pour qu'en moins d'une demie heure le phénomène parcourût
vingt milles de Hollande ou quarante lieues de Paris; ayant été apperçu preſqu'en même-tems en Flan-
dre & dans toutes les villes de Hollande, & par-tout où il fut vu, on
obſerva qu'il s'en détachoit des
étincelles brillantes dont les unes
détonnoient, & les autres ne fai-
ſoient aucun bruit. On pourroit
douter ſi ce phénomène étoit bien
le même que l'on vit dans tous ces
différens endroits, après ce que
nous avons dit plus haut de ceux
qui furent obſervés en différentes
provinces de France au mois de
novembre 1761.

La même année 1756, le trois
avril à ſix heures du ſoir, le tems

étant calme & la lune à son coucher, on apperçut d'Avignon vers
le sud-est, un globe aussi lumineux
que la lune en son plein. Trois
secondes après, ce globe poussa une
traînée vers l'ouest, & se dissipa en
forme de fusée volante, nuancée
des couleurs de l'arc-en-ciel, ter-
minée par trois pointes, de chacune desquelles sortit une étoile
semblable à une étoile d'artifice.
Ce météore fut vu le même jour,
& à la même heure, à Cannes, à
Nice, mais beaucoup plus gros à
Nice; la fusée se termina par quatre étoiles de couleur de soufre, &
le phénomène fut suivi de deux
détonations semblables à deux coups
de tonnerre. Le trois mars précédent, environ à six heures & demie
du soir, on avoit observé à Grasse,
vers le levant d'été, un globe de
feu hérissé de quelques pointes ou
rayons. Il s'étendit d'abord comme
un cylindre de dix à douze pouces
de largeur sur deux toises environ
de longueur. En cet état il parcou-

rut en trois minutes environ une
grande partie de l'horifon , en dé-
crivant à la vue une parabole, fa
route fut du levant au nord & il
donnoit une lumière auffi brillante
que celle d'un beau jour. Il finit en
fe divifant en plufieurs globules de
feu , à-peu-près femblables aux
étoiles d'une fufée volante. Cette
féparation fe fit avec un bruit qui
approchoit des roulemens du tonnerre après fon éclat. Son effet fut
le même fur la maffe de l'air qui
l'environnoit , & la commotion
qu'il lui avoit donnée étoit la caufe de ce bruit fourd, réfléchi par
l'inégale denfité des maffes des
nuages. Ces fortes de feux qui partent & s'élancent avec une très-
grande vîteffe , ne condenfent pas
l'air qu'ils divifent & qu'ils agitent:
ainfi lorfqu'ils éclatent en finiffant,
l'air fur lequel ils agiffent, fe dilatant avec une vîteffe proportionnée
à l'impétuofité du choc , produit un
fon qui eft d'autant plus fort , que
la maffe de l'air ébranlé eft plus

considérable, & qu'elle a été tout-
d'un-coup plus resserrée.

Ce sont ces météores différens &
les procédés de la chymie, qui ont
appris à l'art à imiter dans ses feux,
quelques-uns des phénomènes brillans de la nature. Mais qu'il s'en
faut qu'on puisse leur donner la
variété, le brillant, la légèreté, &
le mouvement rapide que l'on admire dans ces productions de la
nature. On prétend que les Chinois
savent représenter les plus beaux
phénomènes de l'aurore boréale, &
qu'ils forment en l'air, avec leurs
feux, des couronnes & des coupoles
brillantes. M. l'abbé Conti rapporte
avoir oui dire plusieurs fois à Londres qu'un mathématicien anglois,
qui avoit demeuré long-tems à la
Chine, y avoit appris la manière
de faire des feux d'artifice merveilleux, dans lesquels il faisoit voir
en l'air des tours décorées d'illu-
minations de différentes couleurs.
Sous le règne de la reine Anne, il
en fit quelques essais à Londres,

ainſi que l'écrivit le mathématicien Taylor, à M. l'abbé Conti,
qui pour lors étoit à Paris. Celui-
ci demanda quelques détails à l'anglois, qui lui répondit que le py-
rotechniſte étoit mort; qu'il ſavoit
ſeulement qu'en mourant il n'avoit
communiqué à perſonne ſes papiers,
dont il avoit perdu la moitié en
ſortant de la Chine. Tout ce récit
paroît fondé ſur quelques bruits
populaires, & ſur une ſorte de va-
nité nationale, qui, d'après la fête
des lanternes à la Chine, avoit imaginé cette tour d'artifice, brillante
en l'air de mille feux variés (a).

____

(a) On ne voit rien de pareil dans les
deſcriptions que les miſſionnaires à la
Chine, ont données des feux d'artifice
que l'on y tire, & où certainement ils n'ont
rien omis, de ce qui pouvoit les faire
paſſer pour merveilleux. On en jugera par
la deſcription d'un feu d'artifice d'une
beauté remarquable, même à la Chine,
que l'empereur Canghi fit tirer pour le
divertiſſement de ſa cour, au commence-

Le premier janvier 1759, à six
heures du soir, on vit à Château-

---

ment de ce siècle, téms auquel le mathématicien anglois pouvoit être à Pékin.

L'artifice commença par une demie dou-
zaine de gros cylindres plantés en terre,
qui formoient en l'air comme autant de
jets de flamme, à la hauteur de douze
pieds & retomboient ensuite en pluie de
feu. Ce spectacle fut suivi d'un grand
caisson d'artifice, guindé à deux grands
pieux ou colonnes, d'où il sortit une pluie
de feu, avec plusieurs lanternes, des écri-
teaux en gros caractères de couleur de
flamme de soufre, & enfin une demie dou-
zaine de lustres en forme de colonnes, à
divers étages de lumière, rangées en cercle, blanches & argentines, qui étoient
très-agréables à la vue, & qui tout à coup
firent de la nuit un jour très-clair. Enfin
l'empereur mit de sa propre main le feu
au corps de l'artifice, & en peu de tems
le feu passa dans tous les quartiers de la
place, qui avoit huit cens pieds de long
sur quatre ou cinq cens de large. Le feu
s'étant attaché à diverses perches & à des
figures de papier plantées de tous côtés,
on vit une multitude prodigieuse de fusées
faire leur jeu en l'air, avec un grand
nombre de lanternes & de lustres qui s'al-

Thierri en Champagne, un globe
de feu dont le diamètre paroissoit

---

lumèrent par toute la place. Ce jeu dura
plus d'une demie heure, & de tems en tems
il paroissoit en quelques endroits des flammes violettes & bleuâtres, en forme de
grappes de raisins, attachées à une treille,
ce qui joint à la clarté des lumières qui
brilloient comme autant d'étoiles, faisoit
un spectacle très-agréable.

Ce sont ces sortes de feux, qui se font
dans tous les quartiers de la ville de Pékin,
à la fameuse fête des lanternes, qui commence le premier jour du treizième mois,
& dure jusqu'au seizième, qui lui donnent
un grand éclat; si on étoit alors à une
assez grande élévation, pour voir toute
l'étendue de la Chine, on la verroit toute
illuminée des feux les plus brillans, car ce
qui se fait à Pékin, se pratique de même
dans tout le reste de l'empire. Le P. Ma-
gaillaens dit qu'il fut extraordinairement
frappé d'un de ces feux qui s'alluma en sa
présence. Une treille de raisins rouges y
étoit représentée: la treille brûloit sans se
consumer: le sep de vigne, les branches,
les feuilles & les grains ne se consumoient
que très-lentement. On voyoit les grappes
rouges, les feuilles vertes, & la couleur
du bois de la vigne y étoit aussi représen-

de douze à quinze pouces. D'abord
il sembla rouler comme en serpen-

---

tée si naturellement qu'on y étoit trom-
pé.... *V. la descript. de la Chine par le*
P. du Halde, tom. 2. in-4°. la Haye. 1736.
   Pour le peu que l'on soit au fait des
usages de la Chine, on ne doutera pas que
ces feux & ces fêtes n'y soient de la plus
haute antiquité, & qu'elles n'aient été
établies en mémoire des avantages que les
hommes ont retiré de l'usage du feu, &
des bienfaits qu'ils en reçoivent tous les
jours ; c'est ce qui paroît assez bien re-
présenté par les effets principaux du feu
d'artifice dont nous venons de parler.
Quant aux phénomènes du feu qui paroissent en l'air, il est très-probable que
jamais les Chinois n'ont tenté d'en donner
dans leurs artifices, une représentation ; le
gouvernement s'y seroit opposé, comme il
ne permet pas que l'on parle des météores
extraordinaires, tels que les aurores boréales, quand il arrive que l'on en observe ; on les regarde à la Chine comme d'un
mauvais augure, il est défendu d'en rien
dire, à plus forte raison d'en donner des
images aussi sensibles que seroient celles
que l'on imagine que l'on pourroit exécu-
ter avec des feux d'artifice.

tant affez près de la terre ; il fe divifa enfuite en plufieurs parties qui fe réunirent encore en forme de globe ; après quoi un coup de vent l'emporta à perte de vue. Le 2 février de la même année, vers les huit heures du foir, on apperçut à Mersbourg en Saxe, un globe de feu femblable à la lune lorfqu'elle eft au plein ; peu de tems après il jetta de grands rayons : il parut de la même groffeur jufqu'au lendemain à midi ; de ce moment il commença à fe rétrecir, & ne difparut entièrement que vers les dix heures du foir. L'atmofphère de l'Europe étoit alors remplie d'exhalaifons nitreufes & fulfureufes déja très-fubtilifées. Il y eut des aurores boréales très marquées à Berlin & à Paris, le 4 & le 8 février : c'étoit cette même matière qui, condenfée par l'humidité de l'air & réunie en maffe, produifoit ces phénomènes finguliers.

Il faut donc que l'air foit modifié d'une manière propre à donner

cette apparence aux exhalaisons &
aux vapeurs qui s'élèvent du sein
de la terre. Il y a même des lieux
où ces phénomènes font plus fréquens & plus confidérables qu'ailleurs; ce que les plus habiles obfervateurs n'attribuent qu'aux difpofitions habituelles de l'atmofphère,
& aux émanations du fol. C'eft ce
qu'ont remarqué au Pérou les aca-
démiciens françois, où ils ont vu
les phénomènes dont nous parlons,
plus grands, plus durables, plus
fréquens qu'en aucun autre endroit
du monde connu. Pendant leur fé-
jour à Quito, il parut un de ces
feux, fingulier par fa grandeur. Sur
les neuf heures du foir il s'éleva,
vers le mont Pichinca, un globe de
feu fi grand & fi lumineux, qu'il
éclaira toute la partie de la ville
qui eft du même côté: les contre-
vents les mieux fermés n'empê-
choient pas la lumière de pénétrer
par les moindres fentes. Le globe
étoit exactement rond, fa direction,
qui fut de l'oueft au fud, fembla

marquer qu'il s'étoit formé derrière le Pichinca, de la croupe duquel il avoit paru ſortir. Vers la moitié de ſa courſe viſible, il perdit beaucoup de ſon éclat, & cette diminution de lumière continua par degrés.

Quelquefois ces météores quoique ſous la même forme, ont paru d'une autre couleur, la flamme en étoit tout-à-fait blanche & d'un très-grand éclat. Pendant que M. l'abbé Conti étoit à Paris, il vit tomber de l'air dans la rue de Tournon, ſur la fenêtre d'une maiſon voiſine de celle qu'il occupoit, un globe qui lui parut comme un très-gros paquet de linge blanc : il ſe diviſa ſur la fenêtre en différentes parties, & tant dans la chambre que dans l'appartement au-deſſous, il renverſa pluſieurs meubles, il en fondit, il en briſa à la ſurface. A Veniſe, il tomba ſur une des fenêtres de la maiſon du ſeigneur Antoine Mocenigo, un globe de même eſpèce, où il laiſſa l'empreinte que l'on y voit encore, fans y caufer d'autre dommage (*a*). Ces feux finguliers n'auroient-ils pas leur origine dans les exhalaifons qui fortent du centre même des villes les plus peuplées, telles que font Paris & Venife, & ne pourroit-on pas trouver leur principe dans l'obfervation fuivante?

Le 26 juillet 1757, un maître maçon, accompagné de deux de fes ouvriers, fe tranfporta fur les fept heures du matin dans la maifon d'un particulier de Paris, pour vifiter la foffe d'aifance, dont on foupçonnoit le conduit d'engorgement. On fit l'ouverture de cette foffe, en levant la pierre qui en fermoit exactement l'entrée. Au moment qu'on l'eût dégradée on vit fortir autour de fes bords une flamme bleue. La lumière qui fervoit à éclairer les ouvriers, ne pouvoit avoir aucune part à ce phéno-

---

(*a*) *Rifleffioni fu l'aurorà boreale. in·*4°, *Venezia* 1739.

mène , elle étoit éloignée de la pierre de plus de cinq pieds. On ne put rien voir dans la foſſe à cauſe d'une vapeur très-épaiſſe qui en rempliſſoit toute la cavité, & d'une odeur très-pénétrante qui en ſortoit. Ayant jetté dans cette foſſe un morceau de papier allumé, pour en conſidérer l'intérieur, & ce papier ayant enflammé la vapeur qu'elle renfermoit, on en vit ſortir auſſitôt une flamme ſi grande , que paſſant par une trape qui répondoit preſque au-deſſus de l'ouverture de la foſſe, & de-là dans la cour, elle monta juſqu'à plus de dix-huit pieds. Elle continua ainſi pendant près d'une demie-heure, après quoi elle parut s'éteindre. Quelques inſtans après elle ſe ranima , mais ce ne fut que pour deux à trois minutes. Tout ceſſa enſuite. Cette flamme étoit d'un très-beau bleu , & le bruit qu'elle faiſoit reſſembloit à celui que l'on entend dans les forges lorſque le charbon pétille. Tous les voiſins en furent ex-

trêmement effrayés, & n'en pouvoient supporter la forte odeur de
soufre. Cependant elle ne causa
point de dommage ; aucun des ouvriers n'en fut malade, quoique
plusieurs dans l'instant se fussent
trouvés mal, sans doute de suffoca-
tion : mais tous ressentirent pendant plus de quinze jours une âcreté
& un feu dévorant dans la poitrine,
avec de petits crachemens de sang
qui n'eurent pas de suite. Ce phénomène paroît avoir beaucoup de
rapport avec celui qui se trouve
rapporté dans l'histoire de l'académie (1711), où deux ouvriers perdirent la vue par une vapeur fort
pénétrante qui s'éleva d'une fosse
qu'ils débouchoient. L'engorgement
du conduit dont nous avons parlé
semble en avoir été la cause. La vapeur de la fosse ne pouvant en sortir
s'y étoit condensée, & cette vapeur
étant sulfureuse dut devenir par-
là facilement inflammable. La matière phosphorique qu'on remarqua
d'abord autour de la pierre, n'avoit

pu être formée que par des parties
de la vapeur de la fosse, qui s'é-
tant plus atténuées en se filtrant à
travers les mortiers, & s'étant ensuite condensées par l'action de
l'air, s'attachèrent à la pierre. Leur
état actuel les rendoit très-inflammables, ce qui ne manqua pas d'arriver au mouvement qu'excita autour d'elles, le premier travail des
ouvriers (a).

Si toutes les observations étoient
aussi exactement faites que celle
que nous venons de rapporter, elles
répandroient la plus grande lumière
sur tous les procédés de la nature.
On reconnoît dans cette vapeur
condensée, la manière dont se forment la plupart des phénomènes
ignées : on y trouve un principe
presque développé d'inflammation,
une fermentation sourde, mais bien
établie, une détonation imparfaite.

____

(a) *V. les mém. de l'acad. des sciences,*
an. 1757. *Hist. pag.* 25.

On

On y voit sensiblement la matière de ces globes de feu blanc,
remarqués à Paris & à Venise. Elle
avoit flotté auparavant dans la région supérieure de l'air, peut-être
sous la forme d'une nuée rare,
peut-être tellement divisée qu'elle
étoit insensible à la vue. Cette matière a dû se condenser ensuite par
une cause quelconque, & s'arrondit en se condensant, ainsi qu'il
arrive à un fluide qui nage dans un
autre fluide. Ainsi réunie & enflammée extérieurement, parce que c'est
à sa surface que l'air ambiant agit le
plus vivement, elle tombe par son
propre poids à la surface de la terre ;
& dans l'espace qu'elle parcourt de
haut en bas, l'incendie pénétrant
jusqu'à l'intérieur de la masse déja
fort échauffée, elle se divise par le
choc du premier corps qui lui fait
résistance. Son explosion fait effort
sur l'air dont elle est environnée,
d'où résultent cette détonation que
l'on entend, & cette force invisible
qui renverse les hommes & les au-

tres corps qui se rencontrent dans cette sphère d'activité. Si ces corps sont susceptibles de s'enflammer, la matière ardente que lancent contre eux ces globes en se divisant, étant pressée avec violence, pénètre dans leurs pores & les met en feu. Mais comme la matière de ces phénomènes n'est pas toujours également ardente, très-souvent ils renversent & brisent les corps les plus portés à s'enflammer, sans cependant les allumer.

Tel doit être souvent le résultat de ces exhalaisons sulfureuses qui s'échappent à la longue des fosses d'aisance des grandes villes. La nature plus prompte & plus puissante dans ses opérations que l'art le plus éclairé & le plus subtil, parvient par des voies qui nous seront probablement toujours inconnues, à en former ces météores singuliers. Nous n'avançons rien ici que ce que semblent nous indiquer, les procédés de l'art poussés aussi loin qu'il a été possible. On sait que les alchy-

miftes , qui ont cherché par-tout la
matière du grand œuvre, ont beaucoup travaillé fur les excrémens de
l'homme & des autres animaux,
mais ils fe font expliqués fur leurs
travaux dans un ftile fi énigmati-
que, fi obfcur que l'on ne peut en
tirer prefque aucune lumière. Parmi les chymiftes phyficiens qui ont
fait des expériences fur les mêmes
fujets, M. Homberg eft l'un de
ceux qui les ont portées le plus loin.
Un de fes amis entêté de l'alchy-
mie, prétendoit qu'il étoit poffible
d'en tirer une huile blanche qui
ferviroit à fixer le mercure en argent fin. L'huile fut trouvée par M.
Homberg : elle eft blanche, fans
odeur & très-inflammable, mais ne
peut fixer le mercure comme l'alchymifte le prétendoit. Il y a trouvé encore un fel huileux, de nature
nitreufe, qui fufe comme le nitre
fur les charbons ardens, & qui bien
deffeché & enfermé dans un vaif-
feau s'enflamme, comme d'autres
phofphores , lorfqu'il eft échauffé

jusqu'à un certain point. Ces expériences ne nous apprennent-elles pas
que les exhalaisons & les vapeurs
qui sortent de ces mêmes matières
pourries, & après une longue fermentation, peuvent servir à la génération de quelques-uns des phénomènes dont nous venons de parler ? Les autres tirent leur origine
d'autres exhalaisons différemment
combinées. On a mille fois éprouvé
combien il faut peu de matière enflammée de certaines substances que
l'art fait préparer pour qu'il en résulte de semblables effets d'incendie & d'explosion. Pourquoi la nature n'en produiroit-elle pas de pareils & même de plus étonnans,
avec une quantité des mêmes matières, qu'il ne nous est pas possible
de déterminer. C'est ainsi que les
réflexions sur les procédés des arts
comparés entr'eux, nous instruisent
plus sur la puissance de la nature,
que la plupart des belles & savan-
tes hypothèses, qui n'ayant aucun
rapport au véritable état des choses,

ne servent le plus souvent qu'à donner des prétentions mal-fondées à ceux qui les inventent, & à faire perdre le tems à ceux qui cherchent à y comprendre quelque chose.

§. III.

Autres phénomènes ignées de différentes formes.

Ces matières inflammables pouffées à un plus haut point de raréfaction, mêlées de soufres & de nitres volatils très-rectifiés, quoique fort agitées & dans un mouvement violent & très-multiplié d'action & de réaction, les uns sur les autres, ne prennent point d'apparence visible, mais elles se dispersent dans l'air, ou portées à une cetaine hauteur elles s'allument & servent à la génération des aurores boréales.

Dans d'autres circonstances, elles ne produisent que des astres mo-

mentanés, dont le mouvement rapide & irrégulier, n'offre qu'un
spectacle amusant à l'observateur
qui s'en occupe. M'. de Genssane
remarqua à Paris le treize juillet
1738, sur les onze heures du soir,
un de ces phénomènes qui n'ont
rien que d'agréable à la vue. C'é-
toit une espèce de grande étoile très-
brillante placée assez près des petites étoiles du genou droit de Per-
sée. Son diamètre étoit à-peu-près
le quart de celui de la lune, & elle
avoit une queue presque à la manière d'une comète, mais aussi brillante que la tête, & pas plus longue que le quart du diamètre de
cette tête. Le mouvement de ce
phénomène étoit très-rapide & fort
bisarre; comme il ne fut observé
qu'à la vue simple, M. de Genssane en vit mieux la bisarrerie, qu'il
ne put juger de sa vîtesse. Le phénomène partant du premier point
où il avoit été apperçu, décrivit
une courbe qui après avoir monté,
redescendoit jusqu'à un point un

peu plus bas que celui de l'origine.
Là s'élevèrent par cinq ou six reprises des espèces de fusées, qui
retomboient ensuite au point commun d'où elles étoient parties. De-
là le phénomène retourna au premier point de son origine, par une
seconde courbe qui s'élevoit moins
que la première. Il retourna encore
vers le même point où il s'étoit
arrêté dans son premier cours; mais
par une courbe beaucoup moins ré-
gulière que les deux premières :
elle étoit ondée, s'élevant & s'ab-
baissant alternativement. Elle se
seroit étendue plus loin que les deux
autres, si une colline n'eût pas caché le tout; l'observation ne dura
qu'une bonne demie-heure. De la
grandeur qu'avoit cette espèce d'é-
toile au commencement qu'elle fut
observée, elle vint à n'avoir plus
que celle d'une étoile de la seconde
grandeur, & son éclat égal d'abord
& semblable à celui de Vénus, ne
fut plus à la fin que celui d'un
charbon ardent. Quant elle décri-

D iv

voit une courbe ondée, l'éclat étoit
inégal dans les élévations & les ab-
baissemens, & plus uniforme dans
les autres courbes qui approchoient
plus d'une droite. (*V. les mém. de
l'acad. des sciences, an.* 1738. *hist.
pag.* 36.)

Les causes premières de ce météore sont les mêmes que celles que
nous avons indiquées. La distance
à laquelle il fut vu, le fit paroître
d'un volume plus petit qu'il n'étoit :
son mouvement dépendoit de la
fermentation plus ou moins grande
dont il étoit agité, qui fut fort
inégal dans la dernière courbe qu'il
décrivit. Ce qu'il a de particulier,
& ce qu'on ne remarquera peut-être
dans aucun autre, ce sont ces re-
tours du point où il aboutissoit à
celui d'où il étoit parti. Quelle force inconnue le déterminoit à des
directions contraires ? Y avoit-il
alors divers courans d'air établis
dans la région de l'atmosphère où
on l'appercevoit ? Trouvoit-il dans
l'air même une force répulsive assez

vive, pour le rejetter jusqu'au lieu de son origine ? On ne peut former à ce sujet que des conjectures fort incertaines.

Près de la Palice en Bourbonnois, le 4 décembre 1753, sur les trois heures après midi, le soleil étant très-beau, on vit paroître près de l'horison un météore en forme de fusée volante, qui sembloit avoir cinq pouces de diamètre sur un pied de longueur. On le vit aller d'orient en occident, d'une marche uniforme & directe : après avoir couru pendant un certain tems, il se réduisit en étincelles qui formèrent comme une très-belle plaque d'or. Des bergers assurèrent l'avoir vu tomber dans un étang à trois cens pas de là. La ligne qu'il avoit parcourue en l'air demeura marquée pendant quatre ou cinq minutes, par une trace de fumée noirâtre, qui se dissipa ensuite. A cette apparition succéda lentement un bruit sourd, & cependant assez fort, plus semblable à celui qui accompagne

D v

ordinairement les tremblemens de terre, qu'à celui du tonnerre : la fin de la journée fut très-belle. Il est rare d'appercevoir de ces phénomènes en plein jour : celui-ci fut probablement occasionné par quelque explosion terrestre, & pouvoit bien être une pierre métallique enflammée, de la nature de celle dont nous avons parlé à l'article des pierres de tonnerre, & qui ne parut si brillante que parce qu'elle devoit réfléchir quelques rayons du soleil. Quant au bruit qui se fit entendre ; s'il fut tel qu'il est décrit dans l'observation, il est vraisemblable qu'il étoit produit par un mouvement assez vif d'exhalaisons & de vapeurs agitées dans le sein de la terre à quelque profondeur.

On parle encore à Bologne d'une flamme céleste qui y fut observée en 1743. On y vit deux zones ignées à l'orient de l'Esio ; ces deux zones tiroient sur le blanc, elles étoient très-brillantes, s'étendoient en longueur, se courboient souvent, & enfin se joignirent enſemble pour n'en plus former qu'une ſeule. Dans ce tems le vent étoit au nord-oueſt, & on entendoit en l'air un bruit qui ne pouvoit point venir du vent, mais de ces zones, qui varièrent ſouvent d'étendue, & dont la largeur pendant le peu de tems qu'elles ſe fixèrent parut être de quatre doigts. Lorſqu'elles s'évanouirent l'air qui les entouroit demeura clair & brillant juſqu'au ſoir : le phénomène n'eut aucune autre ſuite. Ce météore n'étoit-il pas une portion de halo ou de parélie marqués ſur un air humide, quoiqu'il parut brillant, & Muſſenbroeck qui le rapporte, n'auroit-il pas dû le mettre plutôt au rang des météores emphatiques qu'à celui des météores ignées. Il l'a placé ſans doute dans cette dernière claſſe, à cauſe du bruit qui ſe fit entendre pendant le tems de ſon apparence, & qui n'accompagne jamais les autres météores. On peut auſſi le regarder comme un commencement d'au-

rore boréale, dont la matière n'é-
toit pas encore affez exaltée, ou
étoit embarraffée d'un air trop épais.
C'eft ce que fémblent indiquer le
bruit que l'on entendit, & l'éclat
extraordinaire qui refta dans l'air.

Il y a d'autres météores ignées,
auxquels on donne des noms relatifs à leurs figures. Quelques uns
ne caufent aucun dommage, & ce
font ceux qui font trop éloignés
des corps fitués à la furface de la
terre, pour qu'ils puiffent s'y attacher. D'autres caufent des ravages
marqués, & font quelquefois très-
effrayans. Muffenbroeck (§. 2 5 4 6.)
en obferva un à Leyde, le 7 août de
l'année 1741, vers les dix heures
vingt minutes du foir, auquel il
donna le nom de ferpent. Le ciel
étoit ferein, l'air chaud ; il vit tout-
à-coup paroître une lumière très-brillante, qui fembloit s'élever de la
terre dans l'air, fous la forme d'un
ferpent, qui y faifoit de petites in-
flexions. Il avoit environ vingt
degrés de longueur, & quinze minutes ou un quart de degré de lar-

geur : il subsista pendant l'espace
de deux ou trois minutes, répandant une si grande lumière, qu'on
auroit pu voir distinctement une
aiguille couchée à terre. Insensiblement ce météore s'arrondit en
forme de cercle, & il se changea
ensuite en une petite nuée blanche,
lumineuse, mais si épaisse au commencement qu'on ne pouvoit pas
voir les étoiles à travers. Elle se
raréfia, devint transparente, semblable à la voie lactée, ayant un
demi degré de diamètre. Elle disparut d'abord du côté de l'orient,
ensuite du côté de l'occident, &
tellement qu'il n'en restoit aucun
vestige dix minutes après. Lorsque
ce météore commença à paroître, on
entendit une espèce de bruit semblable à celui que produit une flamme violente : peut-être que ce mur-
mure étoit produit par les exhalaisons oléagineuses que la chaleur du
jour avoit élevées dans l'atmosphère,
lesquelles étant un peu condensées
par le froid du soir, avoient été

allumées par une cause quelconque vers leur partie inférieure , & que la flamme s'élevoit en suivant la route de ces exhalaisons qui lui fournissoient un aliment convenable. A cette première cause du bruit, on peut ajouter encore l'action de la flamme sur l'air qui l'environnoit.

En 1746 , la nuit du 11 au 12 juin, il vint du côté d'Ostie à Rome, un météore enflammé, sous la forme d'un nuage obscur, allongé, qui s'étendoit jusqu'à la surface de la terre, jettoit des flammes dans toute son étendue, & rendoit une forte odeur de soufre, il étoit chassé par un vent de midi , & alloit très-vîte, n'étant élevé de terre que d'environ trois pieds & demi. Il fit plus de vingt milles sur une ligne presque droite, mais ondoyante. Il portoit avec lui les éclairs & la foudre qui éclatoit de tems en tems. Il renversoit & transportoit les arbres & les toits des maisons qui se trouvoient sur son passage. De quatre murs parallèles au-deſſus deſquels il paſſa perpendiculairement, les deux du milieu reſtèrent entiers; les deux autres furent renverſés en directions oppoſées, c'eſt-à-dire du côté des deux du milieu; partout où il paſſoit on ſentoit des ſecouſſes de tremblement de terre, auxquelles ſuccédoit un calme profond. Un moment avant qu'il arrivât à Rome, il y eut un violent coup de vent accompagné d'un bruit rauque, auquel la force du terrible nuage ſembloit augmenter. Il traverſa la partie baſſe de la ville de Rome, où il fit des ravages marqués, entre le Tibre, le Capitole, le Quirinal & le Pincio. On remarqua que la plupart des maiſons qu'il toucha, ou auprès deſquelles il paſſa, frémirent de même que ſi elles avoient éprouvé un tremblement de terre; & les parties des maiſons qui avoient été expoſées à ſon action immédiate, furent ſéparées des autres & tombèrent en ruine. Comme il avoit été précédé

de nuées orageuses, il en fut suivi
de même ; mais elles se dissipèrent
peu après, & le calme le plus parfait se rétablit.

Ce météore, l'un des plus formidables que l'on puisse imaginer,
ne pouvoit être que l'effet d'une
fermentation extraordinaire, dans
une saison cependant où les chaleurs
sont encore très-supportables à Rome & dans les environs. Sans doute
qu'il s'étoit formé des exhalaisons
qui sortent sans cesse avec tant d'a-
bondance, des terres nouvelles &
des marais dont le territoire d'Ostie est entièrement couvert, qui
rendent cette partie de la campagne
de Rome si mal-saine à habiter. On
ne peut le regarder que comme un
de ces efforts extraordinaires de la
nature, qu'il est heureux de ne pas
voir souvent se renouveller, ils cau-
seroient les plus grands désastres.
Il est à comparer avec quelques
phénomènes de cette espèce, qui
se forment dans l'air brûlant de
l'Afrique, & qui y sont assez com-

muns, pour que les nations ſtupi-
des qui les habitent puiſſent s'en
ſouvenir & en rendre quelque raiſon. Ils ſont plus dangereux encore
que celui dont nous venons de parler. Ils embraſent & détruiſent dans
l'inſtant, preſque tous les corps
qu'ils attaquent, & qui ne ſont pas
aſſez ſolides, pour réſiſter à leur
action qui eſt très vive, mais qui
dure peu. Le P. Boſcowich, à qui
l'on doit la relation du phénomène
vu à Rome, ne dit pas qu'il ſe fût
fait alors du côté d'Oſtie aucune
éruption, qui fixa le lieu de ſon
origine : il paroît même qu'il n'y
eut aucun tremblement de terre
réel, mais ſeulement une forte commotion donnée particulièrement
aux maiſons ſur leſquelles il paſſa.

A Captioux près de Bazas, le 9
juin 1759, à neuf heures du ſoir,
on vit une colonne de feu allant de
l'eſt au ſud. Le ciel étoit clair, il
faiſoit un vent de nord aſſez frais.
Un moment après le feu prit dans
l'écurie du curé du lieu : il en ſor-

tit une flamme couleur de foufre
ardent, mais le feu difparut bientôt. Quatre chevaux qui étoient
dans cette écurie furent trouvés
morts, fans aucune marque de brû-
lure; il y a apparence qu'ils avoient
été fuffoqués. Le plancher qui n'a-
voit pas été endommagé non plus
par le feu, étoit ouvert en deux
endroits, à y paffer le poing, mais
la charpente étoit embrafée. Une
heure après, une feconde colonne fe
précipita dans la rivière, auprès du
moulin, avec un bruit effroyable.
Le même foir on vit de la ville de
Bazas, à l'extrémité de l'horifon
du côté de Langon, un tourbillon
de feu : il y eut la nuit fuivante
une maifon brûlée auprès de cette
dernière ville; & comme on ne put
découvrir la caufe de cet incendie,
on l'attribua à ce même tourbillon. Les pluies qui furvinrent raf-
furèrent contre d'autres accidens
femblables.

Le 27 juillet fuivant, il s'éleva
du côté de Cucuron en Provence,

un tourbillon de la groſſeur d'une tour, entremêlé de flammes & pouſſant une fumée noire. Il traverſa l'étendue d'une lieue en longueur, & de vingt pas en largeur, arracha les plus gros arbres, dont il tranſporta pluſieurs à cinquante pas preſque tous brûlés. Il enleva des toits de granges, des gerbiers, & dura trois quarts-d'heure avec un grand bruit, c'eſt-à-dire autant que la matière dont il étoit formé ſuffit à l'entretenir. Tous ces feux étoient compoſés d'exhalaiſons réunies preſque à la ſurface de la terre, & la diſpoſition de l'atmoſphère fut très-propre pendant toute cette année à contribuer à leur formation, au moins depuis le premier de janvier juſqu'à la fin de juillet. Nous avons rapporté d'autres phénomènes ignées qui parurent cette année dans une grande partie de l'Europe, dont le premier fut vu à Château-Thierry en Champagne.

On peut former quelques conjectures ſur des phénomènes auſſi visibles que ceux dont nous venons de parler, & juger de leurs caufes par leurs effets. Mais que penfer de ceux dont on voit & on entend l'action, fans aucune apparence qui indique leur préfence; quoique l'on ne puiffe pas douter qu'ils ne foient l'effet d'un grand mouvement ex-cité par un feu extraordinaire allu-mé dans quelque partie de l'atmof-phère, mais d'une manière invifible. Tel eft celui dont parle l'obferva-tion fuivante, faite en Angleterre en 1745. Le ciel étoit ferein & fans nuage, lorfque l'on entendit un bruit femblable à celui que produit le tonnerre, & qui fe répéta plu-fieurs fois. Quand la caufe de ce bruit fe fut affez approchée de l'ob-fervateur pour qu'il pût la diftin-guer, il lui parut femblable à celui que feroient des cailloux qui rou-leroient les uns fur les autres; ce-pendant le lieu du mouvement étoit en l'air, & fembloit alors s'approcher de la terre. On l'ouït enfuite tomber dans l'eau & pro-

duire le même effet qu'auroit eu
une grosse pierre embrasée que l'on
y auroit jettée. La surface de l'eau
se couvrit aussi-tôt de gros bouil-
lons. Quelques secondes après, ce
même bruit parut s'élancer de l'eau
dans l'air, & il se fit encore entendre à la distance d'environ quatre
milles. Etoit-ce une grande quantité de matière électrique réunie
dans l'air qui formoit ce phénomène invisible mais si bruyant ? Il
est permis de le conjecturer, mais
non de l'assurer.

Dans le voisinage de la ville de
Leisnick en Misnie, un seigneur
ayant ouvert une fenêtre de son
château, dans le mois de juillet
1753, entendit tout-à-coup un grand
coup de tonnerre, que rien n'avoit
annoncé, & ne pouvoit faire soupçonner dans la disposition actuelle
de l'atmosphère. Cependant il tomba avec fracas & sous un grand volume par la cheminée, dont il ar-
rachoit les briques & le ciment. Une
vapeur noire & épaisse se répandit

auffi-tôt dans la chambre, & vint frapper une chandelle allumée, ainfi que le chandelier qui étoit placé fur un plateau d'étain, avec tant de force, qu'il rendit un fon diftinct. Ce même feu pénétra dans les chambres des domeftiques, où il laiffa une fumée épaiffe qui répandit une odeur de foufre. L'électricité ne peut avoir été la caufe de ce phénomène, elle n'entraîne avec elle ni fumée ni vapeurs : il étoit plutôt occafionné par une matière ardente, condenfée peut-être dans le tuyau de la cheminée, qu'un courant d'air extérieur, qui entra par la fenêtre, frappa toutd'un-coup & détermina à s'enflammer, & à éclater auffi-tôt avec une violente détonation. Ces deux phénomènes font rapportés par Muffenbroeck, (§. 2527.)

Rien n'eft donc plus varié que l'efpèce des exhalaifons dont fe forment les météores ignées; ils peuvent prendre toutes fortes de formes & agir, même de la ma-

nière la plus violente, quoiqu'invisibles. Quelquefois encore ils se manifestent tout-d'un-coup, sous un ciel
clair & serein, & dans un air dégagé en apparence de toute exhalaisons assez abondantes pour produire de pareils effets. Le 11 janvier 1770, vers les neuf heures du
soir, l'air étant froid & le ciel très-
serein, on apperçut à Bockeim,
dans le comté de Hanau, un éclair
très-vif, & la foudre, sans être
accompagnée d'aucune explosion,
tomba sur deux cheminées & y mit
le feu. Il parut alors une fumée
très-épaisse, qui répandit au loin
une odeur de soufre : le feu s'éteignit de lui-même presque aussi-tôt
qu'il se fut développé. Il est très-
vraisemblable que la masse du phlogistique qui donna lieu à ce phénomène, étoit contenue dans les
deux cheminées, d'où s'écoulant
par deux colonnes dans un air froid
qui les condensoit, elles se réunirent à peu de distance, par l'inclination qu'ont les matières homo-

gènes à ſe rapprocher l'une de l'autre. Le mouvement étant augmenté en proportion de la réſiſtance de l'air, elles s'allumèrent au point de leur réunion : la lumière parut ; on la prit pour un éclair, & le feu ſe communiquant aux deux colonnes de matières inflammables, eut l'apparence de la foudre qui auroit tombé ſur les deux cheminées.

Il ſemble que l'on peut conjecturer que les cheminées, dans leſquelles aboutiſſent les tuyaux des poëles, qui ſont bouchées par le bas, & par leſquelles l'air n'a plus un cours auſſi libre que dans les autres cheminées, doivent être le plus ſujettes à ces accidens. La colonne de l'air ſupérieur preſſe de tout ſon poids les vapeurs & les exhalaiſons ſulfureuſes qui s'y accumulent & y reſtent ſans action, juſqu'à ce qu'une cauſe étrangère les mette en mouvement, & leur facilite les moyens de s'échapper. Il ſeroit donc utile de prendre quelques précautions pour prévenir ces

amas

amas de vapeurs & d'exhalaisons capables d'occasionner de très-grands désordres.

Il est même possible que la colonne d'un air extérieur froid & humide, contraigne tellement le phlogistique condensé qu'elle le force à s'échapper par le poële même plutôt que par la cheminée. C'est la cause la plus vraisemblable que l'on puisse donner au phénomène suivant. Un batelier de Presbourg, qui, dans le mois de février 1767, avoit été occupé pendant la nuit à empêcher que les eaux débordées du Danube n'entrassent dans sa maison située près du fleuve, fit allumer du feu vers les quatre heures du matin, dans un poële de fayance. Un quart-d'heure après, on entendit une explosion semblable à un coup de fusil; une partie du poële éclata, & l'on vit paroître une flamme bleue de forme conique qui serpenta dans la chambre avec une rapidité extraordinaire, & brûla au visage & aux

Tome IX.   E

deux mains une des filles du batelier qui étoit couchée près de ce
poële. On ouvrit promptement une
fenêtre par laquelle une partie
de cette flamme s'évapora, mais
l'autre partie se fit un passage
par la porte qu'elle brisa. Elle
emporta une poutre dans une
chambre voisine, renversa un cof-
fre dans la chambre du premier
étage, & fit une ouverture de quelques lignes au plancher; brisa
un poële posé dans une autre chambre, sortit ensuite par le tuyau de
la cheminée, & lança jusque dans
la rue les jambons qui étoient pen-
dus à cette cheminée. Il ne resta
aucun vestige de feu dans toute la
maison, mais on sentit pendant
quelques heures une forte odeur
de soufre. Comme le feu du poële
avoit été éteint sur le champ par
l'explosion, on visita le bois qu'on
y avoit mis, & l'on trouva que c'é-
toit du hêtre très-bon & très-sain,
qui avoit été fendu quelques jours
auparavant par le batelier lui-même.

On avoit observé que l'air étoit, cette même nuit, très-serein, & qu'il ne paroissoit aucun nuage. La cause de cette explosion, & la matière de cette flamme si active, étoit donc rassemblée dans le poële, ou dans son voisinage; l'humidité de l'air qui devoit être très-grande dans un pays inondé, avoit fait refluer les exhalaisons dans le poële, qui s'enflammèrent & éclatèrent aussi-tôt que la chaleur du bois allumé, les eut assez raréfiées, pour qu'elles ne pussent plus être contenues dans l'espace étroit qu'elles occupoient dans leur état précédent de condensation.

§. IV.

Feux aëriens, étoiles tomban-
tes, globes ardens, & autres
petits météores de cette espèce,
de différentes formes.

Les observations que nous avons réunies jusqu'à présent, sur les grands météores ignées, tels que le tonnerre & la foudre, & sur les éruptions des feux incendiaires, qui se répandent dans la région inférieure de l'atmosphère sous différentes formes, qui paroissent en toutes saisons, souvent sans que l'on puisse prévoir ni même soupçonner leur éruption, nous apprennent que ce que nous appellons feu visible, de quelque qualité qu'il soit, est un composé de particules très-subtiles, rassemblées dans un espace borné, & douées d'une très-grande mobilité. Quant à la nature de ces particules dans laquelle consiste l'essence de leur mouvement, il paroît qu'elle est la même que celle du fluide électrique, manifesté par les étincelles lumineuses qui sortent des corps électrisés. C'est ce que l'on peut véritablement appeller la matière ignée, ou le premier élément de Descartes, le plus subtil & le plus actif de tous. Si on distingue ensuite la matière inflammable de la matière ignée, on n'en trouvera

point qui le foit davantage que le
phlogiftique ou la matière fulfureufe répandue dans toutes les autres fubftances. Ainfi plus il s'y trouvera de ce phlogiftique, plus elles
feront difpofées à s'enflammer. L'incendie qu'elles produifent alors eft
d'autant plus vif, que leur action
eft redoublée, par leur union à
d'autres matières dont elles peuvent développer les qualités inflammables qui y font renfermées.

C'eft ce qui a fait établir une
diftinction fenfible parmi les feux
différens qui s'allument dans l'air.
Les uns ardens & deftructeurs tels
que ceux des foudres, dans lefquels les matières fulfureufes &
bitumineufes font condenfées par
le mélange des particules, falines,
nitreufes & minérales, & par la
réfiftance de l'air humide, ambiant,
qui empêche leur raréfaction, &
en rend l'effet d'autant plus violent,
que leur volume eft plus confidérable; ils brillent, brûlent & ren-
verfent en même-tems. Les autres

ne préſentent à la vue qu'une flamme légère errante, dans laquelle le fluide électrique ſemble dominer, & n'être mêlé que d'une ſi petite quantité de particules ſulfureuſes, ſi raréfiées que leur action eſt nulle, ou le plus ordinairement ſans effet. Ils paroiſſent, ſoit dans l'air à différentes hauteurs, ſoit à la ſurface de la terre, ou ſur des corps propres à les conſerver & à les produire, mais qu'ils n'altèrent point. Tels ſont les petits météores connus ſous le nom d'étoiles tombantes, de feux S. Elme ou Caſtor & Pollux, de feux folets, tels ſont encore les phoſphores naturels, & quelques autres phénomènes ſinguliers du feu dont nous allons nous occuper.

Nous avons vu que les exhalaiſons reſſerrées dans les nuages ſe portent au loin & détonnent avec bruit; que c'eſt de-là que réſultent le fracas du tonnerre, la lumière vive des éclairs, l'éruption de la foudre, & tous les autres phéno-

mènes de ce genre : mais ces mêmes exhalaisons s'enflamment souvent hors des nuages, dans un air
libre en apparence, où elles produisent des explosions, un bruit que
l'on ne peut comparer à celui de la
foudre, mais qui se fait remarquer
d'autant plus aisément qu'il n'a rien
qui effraye, & qui arrête l'attention qu'on veut lui donner. Qui est-
ce qui n'a pas vu dans les nuits d'été,
le ciel étant fort serein, & même
pendant l'hiver, s'allumer en l'air
des feux qui brillent comme des
étoiles, dont les uns se dissipent
dans l'instant qu'on les apperçoit,
les autres parcourent un long espace
avec un sifflement marqué, quelquefois même avec un bruit plus
fort, dont la durée est inégale ?
C'est ce que l'on appelle vulgaire-
ment des étoiles tombantes. Les
anciens regardoient ces petits météores & le bruit qui les accompagne, comme des présages, tantôt
heureux, tantôt sinistres, & par lesquels les dieux annonçoient leurs

E iv

volontés, quand ils se faisoient en plein air & sans cause apparente. Ces petits globes de feu répandent une lumière claire qui roule indifféremment de tous les côtés de l'atmosphère, & qui paroît même tomber quelquefois à terre. Leur diamètre lumineux a la grandeur apparente de celui d'une étoile, ce qui leur en a fait donner le nom ; & comme leur mouvement est tantôt perpendiculaire, tantôt horisontal, on les a appellés étoiles tombantes, transversales, passantes (a).

Ce phénomène se fait ordinairement remarquer dans les nuits claires & sereines de l'été, quelquefois même dans celles de l'hiver, & on le regarde comme particulier à la nuit, parce que la lumière du jour, plus brillante, em-

_____

(a) .... Ut interdum de cœlo stella sereno
Quæ si non cecidit, potuit cecidisse videri.
Ovid. metam. l. 2. v. 321.

pêche qu'on n'apperçoive la sienne ; car il est naturel d'imaginer qu'il peut avoir lieu pendant le jour, aussi bien que pendant la nuit. Gassendi assure que le ciel étant très-serein & très-tranquille, dans un jour chaud de l'été, il vit paroître avant midi une flamme très-blanche qui descendoit perpendiculairement ; que cette flamme étoit plus large vers sa partie inférieure ; que sa figure approchoit de celle d'un rhombe ; qu'elle portoit une queue qui alloit en diminuant, & qu'elle disparut à ses yeux sans laisser aucune trace de sa présence. Bernier dit qu'il en a remarqué plusieurs fois en plein jour dans l'empire du grand Mogol. On en a vu en Chipre ; dans les plaines méridionales de l'Italie. Nous ne parlons ici que de celles qui ont été observées en plein jour, & auxquelles il est si rare que l'on fasse attention : quoiqu'il soit probable qu'elles soient assez communes, sur-tout dans les régions voisines

E v

de la mer , quand il s'y trouve des terres sulfureuses , dont les exhalaisons mêlées avec les suites de l'évaporation de la mer , font très-propres à produire ces petits météores ; leur matière font les exhalaisons sulfureuses , bitumineuses , nitreuses , & les sels alcalis de diverses espèces , dont le mélange produit une fermentation suivie de l'embrasement , ainsi que nous l'avons expliqué plus haut.

Dès le tems de Sénèque , on ne doutoit pas que ces météores ne fussent aussi fréquens le jour que la nuit. « On ne voit pas , disoit ce » philosophe ingénieux , les étoiles » pendant le jour , elles n'en font » pas moins attachées pour cela à » la voûte des cieux , mais l'éclat » du soleil les obscurcit & les cache à nos regards. Il en est de » même des flambeaux , & des autres météores ignées qui courent » dans l'air , & auxquels la lumière du jour ôte tout l'éclat » qu'ils ont pendant la nuit : quoi-

» qu'il arrive de tems en tems que
» leur lumière l'emporte même fur
» celle du jour. Nous avons vu
» de ces feux brillans fe porter en
» plein jour, les uns de l'orient à
» l'occident, les autres de l'occi-
» dent à l'orient (a) ».

Ces fortes d'exhalaifons s'échappent en abondance du fein de la
terre en été, & dans les autres faifons, lorfque la chaleur l'emporte
fur le froid ; c'eft pourquoi ces petits météores font plus communs

---

(a) *Quid fi dicam ftellas interdiu non effe quia non apparent ? quemadmodum illa latent & folis fulgore obumbrantur : fic faces quoque tranfcurrunt interdiu, fed abfcondit eas diurni luminis claritas. Si quando tamen tanta vis emicuit, ut etiam adverfus diem vindicare fibi fuum fulgorem poffint, apparent. Noftra certe ætas vidit diurnas faces alias ab oriente in occidentem verfas, alias ab ortu in occafum. . . . Quandoque igitur fiunt trabes, quandoque Clypei & vaftorum imagines ignium; ubi in talem materiam incidit fimilis caufa fed major.* Natural. quæft. lib. 1. cap. 1.

dans cette température que dans les autres. On les remarque d'ordinaire dans les régions inférieures de l'atmosphère, parce que les exhalaisons qui sont sorties de la terre sur la fin du jour, n'ont pu s'élever avant le coucher du soleil à la moyenne région de l'air; & dès-lors leur mouvement venant à se ralentir, elles se fixent dans l'endroit où elles se trouvent, s'y condensent & doivent ensuite s'abaisser davantage. Dans cette situation, si les vents donnent quelque fluctuation à l'air; si la chaleur n'est pas également répandue dans toute sa masse; si quelque autre cause que ce soit y établit un mouvement inégal, il est nécessaire que ces exhalaisons, suivant leur plus ou moins d'affinité, se mêlent, se réunissent, se séparent, se développent sous différentes modifications. De ces mouvemens divers, on conçoit qu'il ne peut se suivre que des effervescences, des embrasemens, des fulminations. Si ces exhalai-

fons répandues au large fe raffem-
blent en un feul point, elles ne
doivent produire qu'une feule explofion, qu'un feul éclair, & s'é-
teindre auffi-tôt. Si toute la matière
de la maffe qu'elles forment par
leur réunion n'eft pas également
difpofée à s'embrafer : elle ne s'allume que fucceffivement & par
parties. Celles qui s'enflamment
les premières chaffent les autres du
côté oppofé à celui où le feu a pris,
ainfi qu'il arrive dans les fufées
d'artifice, ce qui leur donne l'apparence d'une étoile courante.

La modification de ces feux peut
encore avoir d'autres caufes. Si les
exhalaifons inflammables ne forment qu'une traînée longue & peu
épaiffe, ce qui arrive lorfqu'elles
fortent du fein de la terre par une
feule ouverture ; alors elles fuivent
le mouvement de l'air par une ligne
oblique de bas en haut, fous la
direction du vent : elles s'élèvent
de la terre comme la fumée qui
fort des cheminées, & relativement

aux difpofitions de l'air, elles s'allument par une de leurs extrémités. L'incendie fe porte rapidement & fucceſſivement d'un bout à l'autre, & le progrès de la flamme devient fenfible fous l'apparence d'un corps enflammé, qui court d'un terme à un autre, tantôt de haut en bas, tantôt en fens contraire, & toujours du côté où l'air eſt le plus raréfié. En examinant avec attention tous ces petits météores, on voit que leur origine, leur matière & leur mouvement, ont les mêmes caufes que la foudre. Le feu part d'en haut, & vient aboutir à la furface de la terre, où il s'éteint ordinairement : quelquefois il y trouve une matière nouvelle qui le ranime. Il fe relève, & parcourt par une ligne oppofée un efpace égal à celui qu'il avoit d'abord tenu.

On prétend qu'il eſt poſſible de reconnoître à la furface de la terre, des veſtiges de ces feux légers à l'endroit où ils ont frappé. Quelques obfervateurs, peut-être trop cré-

dules, ont cru avoir trouvé dans
ces endroits une matière ténace,
glutineuse, d'un blanc tirant sur le
jaune, parsemée de petites taches
noires, & dépouillée de toute sa
partie combustible. On peut avoir
fait cette rencontre à l'endroit où
on a vu aboutir le petit météore
ardent : mais n'étoit-ce pas plutôt
l'indication d'une petite bouche à
fumée, d'où les exhalaisons grasses
& sulfureuses étoient sorties de la
terre. Cette description a tant de
rapport avec la manière dont se
présentent les orifices des petites
soufrières répandues dans les environs de Naples, sur-tout du côté
de Pouzzols, qu'il est très-probable
que ces vestiges indiquoient plutôt
l'endroit d'où la matière du petit
météore s'étoit élevée, que la
partie terreuse & non inflammable
de cette même matière, qui d'ordinaire se consume en entier, sans
rien laisser qui fasse reconnoître
l'endroit où elle a abouti. Les observateurs les plus exacts, ceux qui

ont été le mieux initiés dans les
miſtères de la phyſique, ne conçoi-
vent ces petits météores que comme
produits par une ſubſtance huileuſe,
fort inflammable ; une eſpèce de
baume de ſoufre très-atténué, qui
s'élève pendant la chaleur du jour,
ſe condenſe par la fraîcheur de la
nuit, & prend feu quelquefois. Plus
ſouvent encore il retombe par ſon
propre poids tel qu'il eſt ſorti de la
terre, ſe mêle avec les autres ſubſtances répandues à ſa ſurface, & y
devient une des cauſes les plus actives de la fécondité ; ſur-tout lorſque
ces matières délayées par les pluies
qui ſurviennent, pénètrent à quelque profondeur dans le ſol.

Quelquefois ces feux ſont produits par une fermentation locale
qui envoie dans l'air une grande
quantité de matières inflammables,
qui ſont portées à une certaine hauteur où elles s'embraſent, & de-là
paroiſſent retomber à terre. C'eſt
ainſi que l'on peut expliquer les
cauſes de ces météores extraordinai-

res, que les anciens chroniqueurs rangent dans la classe des prodiges surnaturels. Telles dûrent être ces étoiles, que le moine de Gemblours rapporte être tombées du ciel en même-temps, parmi lesquelles il y en avoit une qui étoit extrêmement grande. Il dit que de l'endroit où on les avoit vu tomber, il s'élevoit une fumée avec un bruit semblable à celui que fait l'eau que l'on jette sur des matières ardentes. Dans le onzième siècle, & le commencement du douzième, où l'histoire de la nature étoit enveloppée de ténèbres si épaisses, que l'on prenoit ses opérations les plus simples pour autant de prodiges; on n'osoit même pas imaginer que des phénomènes de cette espèce pussent être naturels; & on prenoit leurs causes pour leurs effets. Le peuple n'est-il pas encore sous le joug de ces préjugés? à en juger par les présages inquiétans qu'il se plaît à tirer de la plûpart de ces phénomènes.

M. le C. de Forbin (*Tom. II de*

ses mémoires, an. 1701.) raconte
qu'étant près du cap de Paſſaro,
ſur les côtes de Sicile, on vint l'a-
vertir pendant la nuit qu'il paroiſſoit un nouveau ſoleil. » Je mon-
» tai, dit-il, ſur le pont, & je vis
» effectivement un grand feu qui
» brûloit en l'air, & qui éclairoit
» aſſez pour pouvoir lire une lettre.
» Quoique le vent fût très-violent,
» ce météore ne branloit point; il
» brûla environ pendant deux heu-
» res, & diſparut en s'éteignant peu
» à peu. Les pilotes, les matelots,
» & tout l'équipage effrayé, le re-
» gardèrent comme la marque in-
» faillible d'une tempête dont nous
» étions menacés ; il n'y eut pas
» moyen de les tirer de-là. J'eus
» beau leur dire que ce feu ne pou-
» voit être formé que par des exha-
» laiſons du mont Gibel, dont nous
» étions fort près, il n'y eut jamais
» moyen de les perſuader : ils ne
» revinrent de leur terreur, que
» lorſque nous fûmes devant Brin-
» des, où nous arrivâmes, ſans que

» notre navigation eût été troublée
» autrement que par le vent con-
» traire, contre lequel nous eûmes
» toujours à lutter «. Une connoiffance plus exacte des procédés ordinaires de la nature, eût dû plutôt raffurer ces gens à la vue de
ce météore : la quantité confidérable du phlogiftique réuni en maffe,
qui fuffit à l'entretenir fi long temps
& avec une apparence fi marquée,
répandue dans la région inférieure
de l'atmofphère plus humide & plus
condenfée, y eût établi un mouvement impétueux, des tourbillons
de vent, des caufes de tempêtes
prefque certaines, qui ne leur auroient pas été fenfibles; au lieu que
raffemblée dans un feul endroit où
elle fe confumoit fans changer de
place, elle ne devoit exciter dans
l'air aucune révolution, ce qui arriva effectivement. Ce qu'il feroit
affez difficile d'expliquer, & ce que
nous n'entreprendrons pas, c'eft
pourquoi cet amas d'exhalaifons inflammables fe tenoit fixé dans le

même endroit , soutenu en équilibre dans son propre tourbillon &
sans changer de place. Il devoit,
sans doute , être plus haut que la
bande de l'atmosphère où régnoit
le vent qui contrarioit la navigation
de M. de Forbin : mais quelle cause
le rendoit immobile ? Au reste il
feroit à souhaiter que ces sortes de
phénomènes fussent toujours aussi
élevés & aussi tranquilles, on n'auroit à redouter ni l'effet de leurs
explosions , ni les incendies qu'ils
peuvent allumer (*a*).

(*a*) Les matelots de la mer Adriatique
ne voient pas sans terreur une espèce de
météore qu'ils nomment *bollina* , & qu'ils
regardent comme le présage d'une tempête
prochaine ; terme qui vient sans doute du
mot latin *bolis* , qui signifie *dard* , *javelot* ,
sonde que l'on jette à la mer : qui n'est
autre que le nom grec βολις , qui a la même signification : par où l'on voit que ce
nom n'a été donné à ces météores que par
analogie avec la rapidité dont ils parcourent une partie de l'atmosphère , & la forme sous laquelle on les voit.

Muſſenbroeck (§. 2512.) dit qu'en 1749, on vit ſur l'océan un globe enflammé, venir au-deſſus de la ſurface de la mer contre un vaiſſeau, & qu'il fit à près de cent pieds de diſtance, une exploſion auſſi forte que celle d'une centaine de canons qui partiroient en même-temps. Il répandit dans les envirous une odeur de ſoufre ſi violente qu'on crut que le vaiſſeau en étoit entouré : la commotion de l'air fut ſi forte qu'une partie du grand mât fut briſée en ſoixante morceaux, un autre mât fut fendu, cinq hommes furent renverſés, un ſixième fut brûlé. Voilà ce que peuvent produire en grand, les petits phénomènes dont l'hiſtoire nous occupe & qui, à raiſon de leur peu de volume, ne nous paroiſſent qu'un jeu de la nature, dont les effets ne peuvent jamais être à craindre, & ne le ſont effectivement pas, tant qu'ils reſtent dans l'état où nous les conſidérons ſous les apparences d'étoiles errantes, &c. Mais on conçoit aifément comment une plus grande quantité de cette même matière doit produire des météores de même efpèce, mais plus redoutables.

Ces météores fe préfentent fous différentes formes. Quelquefois ils ne paroiffent s'embrafer que par fauts, & la flamme ne brille que par intervalles diftingués. On peut affigner les caufes de ces variétés, 1°. Si la maffe des exhalaifons qui s'allument eft compofée de parties inégalement difpofées à s'enflammer, la partie qui s'allume la première, en raréfiant l'air qui l'entoure, pouffe plus loin le refte des exhalaifons, & peu après il fe fait un nouvel embrafement, & un nouveau mouvement progreffif, ainfi de fuite jufqu'à ce que toute la matière inflammable foit confumée. 2°. Il arrive que la traînée ou bande des exhalaifons, eft en quantité inégale fur une même ligne, de manière qu'elle eft plus condenfée dans une place, plus at-

ténuée dans une autre; la flamme
paſſant de l'une à l'autre par un milieu plus rare, paroît ſauter; la
matière intermédiaire ne ſuffiſant
pas pour l'arrêter. Ces ſortes de
feux aëriens ont été connus d'Ariſ-
tote & des autres anciens qui les
déſignent ſous le nom de chèvres,
lorſque les exhalaiſons inégalement
diſperſées, préſentent la flamme,
comme des amas de poils, ou des
barbes de chèvres. Ces petits phénomènes ſont plus remarquables
dans quelques aurores boréales que
dans tout autre météore ignée.

Les figures variées de ces feux
leur ont fait donner différens noms.
S'ils ſont également étendus en
long, on les appelle *poutres* ou *colonnes*, relativement à leur poſition
ſur l'horiſon: *pirámides* s'ils partent
d'une baſe aſſez large & ſe termi-
nent en pointe: *boucliers* s'ils paroiſſent ronds & plats. Pline fait
expreſſément mention d'un météore
de cette eſpèce qui, ſous le con-
ſulat de L. Valerius, & de C. Ma-

rius, traversa le ciel de l'occident à l'orient, au coucher du soleil, sous la forme d'un bouclier étincelant (a). On les appelle *dragons* s'ils sont minces par les deux bouts, & gros par le milieu. Sur ces indications il est aisé de se faire une idée des formes de ces météores, pour sçavoir à quoi s'en tenir sur ces prétendus prodiges de l'air, dont parlent les historiens de toutes les nations, & qui, selon eux, étoient presque toujours le présage de quelqu'événement d'importance dans l'ordre moral. On vit de ces météores extraordinaires avant & après la mort d'Auguste : il en parut lorsque le sénat, par ordre de Tibère, fit le procès à Séjan qu'il condamna à être étranglé en prison. Ceux qui parurent à Rome & dans l'Italie,

____

(a) *Clypeus ardens ab occasu ad ortum scintillans, transcurrit solis occasu, L. Valerio & C. Mario consulibus.* . . . Plin. hist. natural. lib. 2. cap. 34.

lorsque

lorsque le perfide Tibère faisoit em-
poisonner à Antioche Germanicus,
furent regardés comme des signes
de la mort de cet excellent prince
qui faisoit les délices du peuple
Romain. Tous nos historiens jusque
dans le dernier siecle, ont rapporté
ces prodiges, dans le même esprit
que le vulgaire les observoit, per-
suadés que les dieux envoyoient des
présages de la mort des grands per-
sonnages, & que leur existence étoit
assez intéressante, pour que tout
l'univers fût instruit de leur destinée par des signes aussi éclatans (*a*).

(*a*) *Ergo tu in tantis erroribus es, ut
existimes deos mortium signa præmittere,
& quidquam esse in terris tam magnum
quod perire mundus sciat.* Senec. quæst.
natural. lib. 1. cap. 1. —— Les philosophes auront beau s'élever contre ce pré-
jugé, il se soutiendra d'autant plus long-
tems que le desir de connoître l'avenir par
quelque moyen que ce soit, sera toujours
du goût du peuple. Deux Italiens regardoient une des dernières comètes qui aient
paru : l'un dit, cela présage quelque mal-

Ces erreurs ne subsistent plus que
dans le peuple qui y est encore attaché : ce peuple est plus nombreux
qu'on ne le pense, & se trouve dans
tous les états.

Cependant, dès les temps les plus
reculés, on avoit fait des conjectures très-vraisemblables sur la cause
de tous ces phénomènes, même les
plus extraordinaires, & on les rap-
portoit, avec raison, aux matières
différentes qui s'exhaloient du sein
de la terre & se répandoient dans
l'atmosphère. Ces exhalaisons tiennent des qualités différentes des
sols : les unes sont humides, d'autres sont sèches; quelques-unes sont
froides, il y en a de très-inflam-

---

heur; l'autre en tomba d'accord, & ajouta :
c'est la mort de quelque prince, & il y a
à craindre pour le grand maître de Malte.
ahibo, dit le premier, *il gran maestro di
Malta e ben' un principe da cometa*. Voilà
comme l'on prétend donner de l'importance & de la réalité aux idées les plus
chimériques.

mables ; & il ne faut pas être surpris
de ce que les subftances terreftres
qui fourniffent à l'entretien d'une
évaporation continuelle, foient fi
variées, puifque parmi les corps cé-
leftes, il y a tant de diverfités apparentes. Il faut donc que dans
cette multitude de corpufcules divers, que les terres jettent hors de
leur fein, & qui fe répandent dans
l'air, il en arrive une partie jufqu'aux nuées, qui devient l'aliment
des feux qui s'y forment par leur
choc mutuel : la chaleur répandue
dans l'air en enflamme d'autres.
C'eft ainfi que Sénèque rapporte le
fentiment d'Ariftote fur tous ces
petits météores. Il avoit dit auparavant qu'il les croyoit produits par
le choc & la réfiftance de l'air, lorfque ces matières hétérogènes en ont
déterminé une portion confidérable, dans un cours oppofé à celui
qu'il avoit, & qu'il cède, mais en
réfiftant fans ceffe. De cette violence naiffent les poutres, les globes, les flambeaux, & les autres

météores irréguliers , mais d'un grand appareil. Si le choc est moindre , si la matière n'est pas aussi abondante , les phénomènes sont moins éclatans & plus légers , ce sont de petits astres errans , des chevelures flamboyantes ; ainsi il n'y a presque point de nuit qui ne présente de ces sortes de spectacles, puisqu'il faut si peu de matière, & un mouvement si léger dans l'air pour les produire (a).

(a) *Existimo hujusmodi ignes existere aëre vehementius trito, cum inclinatio ejus in alteram partem facta est , & non cessit sed intra se pugnavit. Ex hac vexatione nascuntur trabes , & globi, & faces, & ardores. At cum levius collisus , & ut ita dicam strictus est , minora lumina excutiuntur , crinemque volantia sidera ducunt. . Ideo nulla sine hujusmodi spectaculis nox est. Non enim opus est ad efficienda ista, magno aëris motu. .... Aristoteles ejusmodi rationem reddit : varia & multa terrarum orbis exspirat, quædam humida, quædam sicca , quædam algentia, quædam concipiendis ignibus idonea , nec mirum est si terra omnis generis & varia evaporatio est ;*

La légéreté de ces phénomènes
& leur peu de durée, ne permet-
troient que difficilement de se faire
une idée des causes de leur formation & de leurs apparences, si on
n'observoit pas de tems en tems
d'autres phénomènes plus considérables, que l'on croit, avec raison,
produits par une plus grande quantité réunie de la même matière.
On y reconnoit l'action d'une masse
considérable de matières inflammables, rapprochées par les qualités
de l'air qui s'opposent à leur expansion, & qui ont pris feu par le

---

*cum in cœlo quoque non unus appareat color
rerum, sed acrior sit caniculæ rubor, Màr-
tis remissior, Jovis nullus, in lucem pu-
ram nitore perducto.... Veri ergo simile
est, talem materiam, intra nubes congre-
gatam facile succendi, & majores minores-
ve ignes exsistere, prout illis fuit plus aut
minus virium. Illud enim stultissimum est
existimare, aut stellas decidere, aut tran-
silire, aut aliquid illis auferri & abradi:
nam si hoc fuisset jam de fuissent.... Se-
necæ quæst. nat. lib cap. 1.*

choc mutuel des unes sur les autres.
Ces phénomènes doivent être plus
communs dans les années froides
& humides, qu'en toute autre. Le
phlogistique, que nous avons prouvé, dans la théorie générale de
l'air, se répandre du sein de la terre
dans l'air, trouve dans les dispositions accidentelles de l'atmosphère, des obstacles à se disperser également par-tout, de sorte qu'il est
forcé de se réunir en masse, & qu'il
produit nécessairement des météores errans, quelquefois très-lumineux, mais qui n'annoncent rien
qu'une sorte d'intempérie ou de
changement d'ordre, dans la matière qui entoure le globe.

Ces météores qui paroissent plus
souvent sous la forme ronde que
sous aucune autre, répandent d'ordinaire, par tous les endroits où
ils passent, une odeur semblable à
celle du soufre allumé. Ce qui a fait
croire à Mussenbroeck (§. 2514.)
que c'étoient des espèces de nuées,
composées pour la plus grande par-

tie de soufre & d'autres matières combustibles, qui peuvent devoir leur origine à des volcans, qui se font de nouvelles issues dans les montagnes, & qui poussent au-dehors, une copieuse fumée de soufre avant que de s'allumer. Cette matière répandue dans l'air, s'embrase par l'effervescence que produit le concours des autres substances inflammables qui se mêlent avec elle. Comme toutes ces matières fluides sont grasses, & qu'elles nagent dans un autre fluide où les vapeurs aqueuses dominent, elles y trouvent une résistance constante à s'étendre, elles se rapprochent & prennent naturellement la figure sphérique, sous laquelle on observe la plus grande partie de ces phénomènes. Quelques-uns ont un mouvement très-rapide, d'autres paroissent suspendus dans le plus grand repos, lorsqu'ils se trouvent dans une région où l'air est calme & tranquille. Quelquefois encore on ne s'apperçoit pas de leur mouvement, lorsqu'ils ont pris naissance à un certain éloignement du spectateur, & qu'ils viennent à lui en ligne droite, de sorte qu'il est difficile de juger s'ils ont un mouvement progressif, ou s'ils sont en repos. En général cependant ils cèdent au cours de l'air, & leur marche répond à la force du vent, à moins que lancés par une éruption violente, ils ne suivent avec rapidité la détermination qui leur a été imprimée.

Tel fut le phénomène singulier observé à Boulogne le 31 mars 1676, qui parcourut environ cent soixante milles d'Italie dans l'espace d'une minute. Il traversa la mer Adriatique comme s'il fût venu de Dalmatie. Dans tous les endroits au-dessus desquels il passa, & où on fut à portée d'observer son mouvement, on entendit une espèce de craquement, occasionné sans doute par la vivacité avec laquelle il divisoit la masse de l'air qui ne pouvoit que lui opposer une très-grande résistance. A la hauteur de Livourne, il produifit un bruit femblable à la décharge de plufieurs canons. On crut entendre dans l'ifle de Corfe un bruit tel que celui qu'auroient fait plufieurs charriots roulans fur le pavé. On voit que tous ces bruits différens font analogues au mouvement communiqué à l'air, à la répercuffion du fon, ou à l'écho varié fuivant la qualité des terres qui le rendoient. Mais ce qui eft étonnant c'eft la vîteffe avec laquelle ce météore étoit emporté, à laquelle on ne pouvoit pas comparer celle des vents les plus impétueux. Il falloit donc qu'il eût une force projectile inconnue, ou un mouvement fpontanée au-deffus de toute combinaifon, puifque toutes les obfervations comparées, ont prouvé que c'étoit le même globe, que l'on avoit vu dans fi peu de tems parcourir ce vafte efpace, dans une ligne droite de nord-eft à fud-oueft.

La plupart de ces globes ont l'apparence de traîner après eux une

longue queue ou trace de feu, qui
quelquefois exiſte réellement, d'autrefois n'eſt qu'une illuſion d'opti-
que. Quand ils ſont emportés d'un
mouvement auſſi rapide que celui
dont nous venons de parler, on n'a
pas le tems d'examiner les ſingula-
rités qui peuvent les diſtinguer
d'autres météores de même eſpèce.
Mais dans ceux dont le cours
paroît fort accéléré, il peut ſe faire
que ce que l'on prend pour une
queue, ne ſoit que l'impreſſion que
la lumière laiſſe dans les parties de
l'atmoſphère, que le corps enflammé vient d'abandonner, pour paſſer à d'autres. L'air y eſt extrêmement raréfié, & dès-lors plus lumineux : cette diſpoſition ſe con-
ſervant dans une partie de la ligne
que le météore décrit dans ſa courſe, peut avoir l'apparence d'une
queue qu'il traîne à ſa ſuite. Ajou-
tons encore que la lumière du corps
embraſé ſe réfléchit plus aiſément
dans l'air qu'il vient de parcourir,
que dans celui où il entre. Les diſ-

positions de la vue de l'observateur
peuvent encore faire illusion : l'impression de la lumière y subsiste, il
croit voir du feu, ou une matière
lumineuse dans la même place, où
l'instant précédent il considéroit un
corps ardent dont l'éclat l'éblouis-
soit. Voilà ce qui peut arriver relativement aux phénomènes qui se
meuvent avec trop de vîtesse pour
qu'il soit facile de distinguer leurs
différentes parties ; tout ce que l'on
peut faire est d'en saisir la masse en
gros, & de conjecturer par la couleur de la flamme, quelles matières
dominent dans leur composition.
Si elle est d'un rouge ardent, il est
probable que les soufres & les huiles des végétaux y sont plus abondans que les sels & les nitres. Il
faut encore faire attention à la hauteur où sont placés ces phénomènes
& aux dispositions actuelles de l'air.
Les vapeurs qui y sont répandues,
leur donnent des teintes plus ou
moins foncées. Que l'on regarde le
soleil & la lune à leur lever, si l'air

F vj

est épais & humide à l'horifon, leur
lumière eft d'un rouge obfcur qui
va en s'éclaircifTant à mefure que
ces aftres s'élèvent.

Quoiqu'il en foit de ces phénomènes fi variés dans leurs apparences, ils n'ont pas d'autres caufes
que celles que nous avons indiquées. Souvent ce font des traînées
ou des efpèces de nuages, de matières inflammables, toujours difpofées de façon que l'on peut au
moins juger de quel côté de l'horifon elles fortent; & d'ordinaire elles
ne vont pas jufqu'à la région la plus
élevée de l'atmofphère; à moins
qu'elles ne décrivent un très-grand
efpace avec une rapidité prodigieufe.
La preuve en eft qu'on ne les voit pas
en même-tems d'endroits fort éloignés les uns des autres. On apperçut
à Boulogne, en 1719, un globe de feu
d'une groffeur extraordinaire; fon
diamètre paroiffoit égal à celui de
la pleine lune : la couleur de fa
flamme étoit celle du camphre ardent, & fa lumière n'étoit pas moins

éclatante que celle du soleil à son lever, de sorte qu'on distinguoit aisément & d'assez loin les plus petits objets répandus à terre. On remarquoit à ce globe quatre gouffres ou ouvertures qui jettoient de la fumée, accompagnée de petites flammes qui se portoient au-dehors. Il avoit une queue sept fois plus grande que son diamètre : par-tout où il passoit il exhaloit une forte odeur de soufre ; enfin il s'éteignit à la suite d'une détonation prodigieuse. Ce phénomène singulier peut être regardé comme un volcan aërien, produit par quelque explosion considérable des montagnes qui sont entre Boulogne & Florence. Elles renferment dans leur sein une quantité de matières inflammables souvent en fermentation, qui y produisent de tems à autres des tremblemens de terre, & des météores lumineux & ardens de différentes formes. Quant à la hauteur de seize à vingt mille pas, où on dit qu'il fut constamment, il doit y avoir eu erreur dans les mesures prises à ce sujet, où ce fut à cette distance qu'on l'apperçut; ce qui est prouvé tant par rapport à l'odeur de soufre que le météore répandit par-tout où il passa, qu'au bruit que l'on entendit lorsqu'il creva, qui n'auroient pas été sensibles à une si grande distance. On vit un de ces météores à Breslau, le 9 février 1750, qui eut un mouvement de rotation autour de son axe tant qu'il parut. Tous ces phénomènes ont été vus pendant la nuit; en voici un qui a paru pendant le jour.

Le 4 novembre 1753, à trois heures vingt-cinq minutes après midi, le soleil étant chaud & brillant, on apperçut à Yvoi en Berri une grosse boule de feu, accompagnée d'une longue queue aussi enflammée, dont on ne voyoit pas la fin. Ce météore étoit placé entre le nord & le levant. Il y demeura suspendu à environ vingt-cinq pieds au-dessus de l'horison pendant quelques secondes, après quoi il en fortit une longue trace de fumée blanche & épaiffe qui s'éleva en l'air, & un moment après on entendit deux explofions auffi fortes que deux coups de canon, lorfque le météore difparut. Ce feu ne caufa aucun dommage, & le ciel refta fort ferein, pendant tout le refte de la journée. (*Mém. de l'acad. des fciences, an.* 1753. *pag.* 73.)

On pourroit multiplier à l'infini les obfervations qui ont été faites fur ces phénomènes depuis plus d'un fiècle ; tous fe reffemblent par le fond de la matière qui entre dans leur compofition, mais tous diffèrent par quelques accidens qui les diftinguent les uns des autres. Ce que l'on voit de plus certain c'eft qu'ils ont une origine commune dans les exhalaifons de la terre, qui, à raifon de leur quantité, fourniffent la matière de ces météores qui diffèrent entr'eux de volume & de durée, & qui ont des noms relatifs aux apparences fous lefquelles ils fe montrent. Il n'eft

pas même néceſſaire que les exhalaiſons, au moment qu'elles ſortent
de la terre, aient une diſpoſition
prochaine à s'enflammer, il ſuffit
que l'évaporation envoie dans l'atmoſphère, des ſubſtances inflammables de leur nature, qui, en ſe
volatiliſant dans l'air, produiſent
des feux dont la durée & l'ardeur
répondent à la quantité & à la qualité des matières qui les entretien-
nent. Quelquefois ces feux paroiſſent à une très-grande hauteur,
quelquefois ils reſtent adhérens au
ſol d'où ils ſortent, d'autres ſe montrent comme des flammes légères
qui courent à la ſurface de la terre.

§. V.

Feux folets.

On voit quelquefois paroître
dans l'air, à peu de diſtance de la
terre, des feux plus durables que
ceux dont nous venons de parler.
Ces feux moins éclatans, & d'or-

dinaire moins dangereux, paroiſſent emportés en toute direction
dans la région inférieure de l'atmoſphère : ils ſont formés par des
exhalaiſons ſulfureuſes, graſſes,
viſqueuſes, trop peſantes pour
qu'elles puiſſent s'élever plus haut
que la bande de l'air, dans laquelle
on les voit courir. Ils s'enflamment,
ſoit par l'agitation, le choc & la
preſſion des ſubſtances dont ils ſont
compoſés, & la réſiſtance qu'ils
trouvent dans la fraîcheur de l'air
où ils circulent, à ſe diſſiper en s'é-
tendant ; ſoit par l'acceſſion d'autres
ſubſtances ſalines & nitreuſes, qui
diviſent les particules ſulfureuſes,
& donnent au fluide éthérée qu'elles renferment la facilité de ſe développer, & de communiquer ſon
mouvement à toute la matière inflammable qui les environne.

Ces feux ont différentes formes :
tantôt ils reſſemblent à de petites
flammes rondes ou de figure conique, telle que celle d'une chandelle, ils ſont quelquefois plus

étendus & pourroient être pris pour
la flamme d'une grosse torche. J'en
ai vu dans les plaines basses de la
Bresse, plusieurs en même-tems,
qui ressembloient à des cylindres enflammés, de trois ou quatre pieds
de hauteur : le diamètre n'en étoit
pas égal, il paroissoit d'un demi-
pied dans sa plus grande largeur,
& diminuoit beaucoup en quelques endroits. On a vu de ces cylindres de douze à quinze pieds de
longueur & d'un pied de diamètre.
La lumière que jettent ces feux, est
quelquefois vive & claire, d'autrefois très-obscure & couleur de pour-
pre, & vue de loin elle paroît en
général plus éclatante, que lorsque
l'on en est près ; & quoiqu'elle soit
dans un mouvement continuel, la
base est presque toujours appuyée
à la surface de la terre. On en voit
très-souvent autour des cimetières,
des cloaques, des volcans, sur les
champs de bataille, où il y a eu
une grande quantité de sang répandu & d'hommes enterrés : ces lieux

fournissent en abondance des exhalaisons grasses & sulfureuses. Ils
font assez communs dans les prairies où de nombreux troupeaux
vont paître d'habitude, fur-tout fi
le fol en est humide & propre à une
forte végétation. On en voit encore autour des gibets, & quelquefois fur les cadavres exposés à l'air,
lorfqu'ils font dans la fermentation
qui accélère la destruction de toutes
les parties grasses qu'ils contiennent.

Les campagnes de Boulogne en
Italie, dans toutes les faisons de
l'année, font éclairées de ces feux
pendant les nuits obfcures : ils y
font plus fréquens dans les froids
de l'hiver, lorfque la terre est couverte de neige, que dans les chaleurs de l'été : alors ils doivent être
moins produits par les exhalaisons
de la terre, que par celles des petits
volcans, qui fe trouvent dans les
montagnes voifines de cette ville.
J'y en ai vu de fort foibles dans le
mois de novembre 1761, la nuit

étant très obscure & l'air de la plus grande humidité.

Ces feux sont très-fréquens en Espagne & dans les campagnes d'Ethiopie, où ils brillent pendant toute la nuit, comme des étoiles répandues à la surface de la terre. On remarque quelquefois dans la Palestine, que ces sortes de feux, rassemblés dans un petit espace, tel que celui qu'occuperoit la flamme d'un flambeau, s'étendent tout-d'un-coup, & enveloppent une compagnie de voyageurs d'une lumière pâle qui ne leur cause aucun dommage. Ce changement est sans doute occasionné par l'état de l'atmosphère des corps qu'ils environnent, où l'air est beaucoup plus raréfié que celui où ils étoient auparavant. D'autrefois, on les voit se porter avec rapidité, de la plaine sur les croupes des montagnes, où ils s'étendent sensiblement, parce que, sans doute, ils y trouvent d'autres exhalaisons homogènes, auxquelles ils communiquent leur mouvement & qu'ils allument.

En considérant les différentes formes sous lesquelles ces feux paroissent, on a droit de conjecturer qu'ils ne sont pas formés par-tout des mêmes matières : que les longs cylindres enflammés que l'on voit à Boulogne, sont composés d'autres substances que les petites flammes errantes qui voltigent sur les marais de Hollande : que les flammes pâles & légères qui, tantôt se resserrent, tantôt s'étendent dans les plaines de la Palestine, sont différentes de celles que nous observons dans les terres basses de Bourgogne ; & que les feux produits immédiatement par les substances animales, ne doivent pas être les mêmes que ceux qui ont pour matière les huiles qui sortent des substances végétales réduites en pourriture : c'est-à-dire, que le phlogistique ou le feu élémentaire combiné avec tous les corps, & qui entre dans leur composition, est mêlé avec les substances différentes qui s'en exhalent.

& avec lesquelles il s'échappe & se répand dans l'air ; ce qui lui donne diverses apparences, diverses qualités sensibles, dans lesquelles cependant il est toujours le principe de l'inflammation & du mouvement. Ces qualités apparentes subsistent, tant que le feu n'est pas entièrement dégagé des matières auxquelles il est attaché, & qui le conservent dans cette forme visible qui agit sur les sens : dès qu'il n'y trouve plus rien qui l'arrête, il se dissipe, & la matière qui a brûlé, retombe, au moins pour quelque tems, dans l'état des corps incombustibles, jusqu'à ce qu'elle ait pris une nouvelle modification, qui la rende susceptible des mêmes apparences. C'est ce qui fait que tous les météores ignées dont nous parlons n'ont qu'une existence assez courte. Le mouvement intestin & violent dont ils sont agités, a bientôt séparé toutes les parties de la matière, qui réunit dans un centre visible, une certaine quantité de

feu élémentaire, qui l'abandonne
ensuite pour entrer dans de nouvelles combinaisons. Ce qui doit
être nécessairement ainsi, puisque,
comme nous l'avons établi dans
le premier discours sur l'élément,
la quantité de matière étant toujours la même, & ses modifications essentielles, étant immuables,
elle ne fait que changer les formes
en vertu des combinaisons multipliées dont elle est susceptible.
Toutes les opérations de la nature
en font la preuve ; & ces changemens de forme ne sont, peut-être,
en aucune circonstance aussi fréquens, que dans la production &
la destruction des petits météores
ignées dont nous parlons.

Comme les feux follets sont de
même pesanteur spécifique avec
l'air dans lequel ils semblent nager,
ils obéissent à son mouvement qui
n'est jamais fixe & déterminé, mais
qui suit la direction locale que les
corps mus dans sa masse lui impriment. Ainsi, on conçoit qu'un hom-

me marchant dans la région inférieure de l'atmosphère, est suivi
par un courant qui remplace successivement le vuide qu'il y occasionne; de même qu'il est précédé
par un autre courant moins rapide
que le premier, & qui est l'effet de
la direction qu'il imprime à l'air
en le divisant. C'est pour cela que
l'on voit les feux follets, céder à
ce mouvement, suivre ceux qui les
fuient, & s'éloigner de ceux qui
veulent s'en approcher. C'est pourquoi il est assez difficile de les reconnoître de près, à moins qu'on
ne se rencontre plusieurs en même
tems, dans un espace où errent
quelques-uns de ces petits météores; & que les uns restent tranquilles, pendant que les autres impriment divers mouvemens à l'air,
que suivent nécessairement les feux
follets. Il arrive alors qu'ils vont
naturellement s'attacher aux personnes qui restent immobiles, sur
lesquelles il est facile de diriger le
cours de l'air. On voit ces feux de
près,

près, on les touche, & on ne doit
pas les appréhender, car ils n'ont
aucune chaleur. On éprouve feule-
ment que c'eſt une matière lumineuſe, épaiſſe & viſqueuſe, qui
laiſſe ſur les mains une humidité
graſſe, qui, frottée rapidement,
rend une légère odeur de ſoufre.
On peut encore les joindre, lorſqu'ils ſont arrêtés par quelques buiſ-
ſons, par de groſſes touffes de joncs,
par quelques tas de paille humide,
ils ſemblent s'y renouveller, & y
être retenus par une matière plus
abondante & plus ſolide : alors il
faut s'en approcher doucement, &
ne pas diriger le courant d'air immédiatement ſur le buiſſon ; mais
par une ligne parallèle.

Il faut bien ſe garder de faire ces
ſortes d'expériences dans un terrein
que l'on ne connoît pas parfaitement : car lorſque ces feux ſuivent
une direction contraire à celle que
l'on imprime à l'air ; ſi on les voit
ſe porter avec rapidité vers un endroit déterminé, on doit craindre

Tome IX. G

que ce ne soit le voisinage de quelque précipice ou d'un courant d'eau
qui peut être profond. Dans le premier cas l'air qui se précipite dans
cette espèce de gouffre, a un mouvement de tourbillon qui attire de
loin tous les corps légers qu'il entraîne dans sa chûte, & alors on
perd de vue les feux follets : dans
le second, l'air condensé par les vapeurs qui s'élèvent de l'eau & par
la fraîcheur qui leur est naturelle,
s'y rassemble en plus grande masse,
& attire avec lui ces petits météores, qui y restent quelque-tems fixes
& immobiles : quelquefois ils s'y
éteignent tout-à-coup, étouffés par
la trop grande quantité de vapeurs
humides qui les accablent : ou le
phlogistique qui les anime étant
plus resserré, leur flamme paroît
plus violente, mais se dissipe très-
promptement.

C'est pour cela que l'on voit ces
feux paroître & disparoître alternativement. Le peu d'abondance des
matières inflammables & du phlo-

giſtique dont ils ſont compoſés,
n'étant capable que d'un effort léger, ils ne peuvent réſiſter à une
grande humidité qui les comprime
de tous les côtés: ils ſont alors con-
denſés de manière à n'être plus ſenſibles. Mais comme leur ſubſtance
reſte toujours raſſemblée; dès qu'ils
ſe trouvent dans un milieu moins
denſe, & qui oppoſe moins de réſiſtance à leur action, ils reprennent
un nouveau degré de raréfaction;
le phlogiſtique ſe développe, & la
flamme brille juſqu'à ce que ſa matière ſoit entiérement conſommée.

Tout ce que je viens de dire de
ces météores, eſt d'après les obſervations que j'ai faites pluſieurs fois
à la fin de l'été & en automne, dans
des prairies baſſes & marécageuſes,
dans des bois taillis qui leur étoient
contigus, où je les ai vu errer ſous
différentes formes de globes, de
bandes, de petites colonnes, où ils
s'élevoient rarement à plus de ſix
pieds de hauteur, & au-delà du

brouillard léger qui couvroit alors la surface du sol. J'en ai vu plusieurs en même-tems dans un espace peu étendu, auxquels il étoit facile de donner en courant la direction que l'on vouloit, sans qu'il y eût à craindre de rien souffrir de leur approche. Ils éclairent les corps auxquels ils s'attachent, mais ne les endommagent pas, quelqu'inflammables qu'ils soient de leur nature, comme le sont les cheveux.

Quant à l'espèce de bruit qu'ils rendent quelquefois, & au mouvement de vibration que l'on remarque dans leur substance, ils peuvent être attribués à deux causes. 1°. Au développement du fluide électrique qu'on doit supposer être assez abondant dans ces sortes de météores, & dont les étincelles éclatent en s'échappant des matières où elles étoient enfermées. 2°. Au mouvement de fermentation qui se fait au centre de ces petits feux, & qui agissant sur quelques matières qui résistent, telles que des par-

ticules terreftres ou falines qu'il divife, rend un bruit clair que le vulgaire a coutume de prendre pour
les ris & la voix de ces feux follets,
qu'il regarde comme des génies mal-
faifans, dont le deffein eft de l'en-
traîner dans des précipices pour en
faire leur proie. J'ai dit plus haut,
pourquoi ils fe portoient de préférence du côté des gouffres , des
grands amas d'eaux & des rivières :
fans doute qu'il fera arrivé que
quelqu'un en voulant les fuivre aura
péri ; & de-là eft née cette crainte
mal fondée que les gens de la campagne , fur-tout, éprouvent à la vue
de ces météores : crainte qui , loin
de les engager à les fuivre, les trouble au point qu'effrayés de l'opiniâ-
treté de ces feux légers à fe porter
fur leurs traces, ils s'éloignent fouvent du bon chemin, dans l'efpé-
rance que cet ennemi imaginaire ne
les pourfuivra plus, & ils fe précipitent eux-mêmes dans des dangers
qu'ils auroient évité , s'ils euffent
continué leur route ordinaire , fans

inquiétude , & fans faire attention à ces feux follets.

Ces terreurs ridicules ne nous empêcheront pas de regarder ces petits météores comme des feux innocens , des vrais jeux de la nature, qui peuvent avoir une utilité qui nous eft inconnue pour tout autre ufage, que l'agrément & la variété qu'ils répandent dans le fpectacle général , dans un tems fur-tout où l'abfence de la lumière laiffe les objets les plus capables de fixer les regards & l'attention, dans des ténèbres , au milieu defquelles on ne peut pas les diftinguer.

Les exhalaifons qui forment ces feux , à raifon de leur tenacité & des matières qu'elles entraînent dans leur tourbillon , s'attachent aifément à d'autres corps : fi elles font légères elles n'y caufent aucun dommage ; mais fi elles font pénétrées d'un phlogiftique abondant , enveloppé d'une grande quantité de matières graffes & fulphureufes , alors ces feux , ordinairement fi doux , deviennent incendiaires : ils brûlent les pailles entaſſées, le chaume dont les toits ſont couverts ; ils s'attachent aux bois qu'ils enflamment, & cauſent des ravages proportionnés à leur volume & à leur durée. Nous avons parlé, dans la théorie générale de l'air, (*tom.* 4, *p.* 271) de feux de cette eſpèce, qui embraſèrent pluſieurs maiſons du village de Boncour en Normandie en 1670. On a vu, dans cette même province, des feux fort ſemblables aux premiers, ſortir de terre & allumer des forêts. Ceux qui ont paru au commencement de ce ſiècle dans la province de Tréviſe, ont exercé l'attention & les recherches des ſçavans ; nous en avons parlé plus haut. Il en a paru dans le Holſtein qui ont fait quelques dégats. Ces feux, de même que les feux follets, ont été vus errants ſous différentes formes, mais la matière dont ils étoient compoſés, étoit beaucoup plus compacte, plus pénétrante, plus propre à embraſer les corps auxquels ils

G iv

s'attachoient. On pouvoit en juger par l'odeur de soufre qu'ils répandoient par-tout où ils paroissoient: c'étoient des feux d'une espèce particulière, beaucoup plus dommageables que les feux follets, proprement dits, avec lesquels ils n'avoient rien de commun que de se porter rapidement d'un endroit à un autre, de se montrer sous mille formes variées, & toujours dans un très-grand mouvement.

§. VI.

Feux Saint-Elme, Castor & Pollux des anciens, & autres de même espèce.

Il faut rapporter à la classe de ces petits météores, le feu saint-Elme & les autres de cette espèce que les anciens connoissoient sous le nom de *Castor* & de *Pollux* ou d'*Helena*, & auxquels les matelots donnent encore différens noms, tels

que saint Nicolas, sainte Claire,
sainte Hélène, que l'on voit voler
autour des mâts des vaisseaux, des
manœuvres, de la cage, qui, sans
doute, sont produits par les restes
des exhalaisons abondantes qui ont
excité dans l'air le mouvement tumultueux des tempêtes, & que les
gens de mer voient avec plaisir. Plus
ils sont multipliés, plus l'augure
leur paroît favorable ; ils ont sur
cela une expérience qui s'est transf-
mise des plus anciens navigateurs à
ceux de nos jours, & que l'on ne
peut pas leur disputer.

C'est un présage de tempêtes pour
les gens de mer, dit Séneque, lorsqu'ils voient courir en l'air quantité
de ces feux, connus sous le nom
d'étoiles errantes, quand le ciel est
encore serein : mais si, lorsqu'ils
sont dans les horreurs des plus violens orages, ils apperçoivent de ces
sortes d'étoiles portées par les vents
à travers les nuages ; ils les regardent comme les indices d'un secours
prochain qui leur viendra de Caf-

tor & de Pollux (*a*). Ils n'en doutent plus s'ils voient deux de ces flammes s'arrêter sur le navire ; ce sont ces divinités bienfaisantes qui viennent leur annoncer un calme prochain. Ils regardent la présence de ces feux, comme le dernier effort de la tempête prête à finir. Ils n'en devinoient pas la cause, Pline la croyoit naturelle, mais cachée dans les mystères impénétrables de la nature (*a*).

(*a*) *Argumentum tempestatis nautæ putant cum multæ transvolant stella . . . in magna tempestate apparent quasi stella vento insidentes . . . adjuvari se tunc periclitantes existimant Pollucis & Castoris numine: caussa autem melioris spei est, quod jam apparet frangi tempestatem & de sinere ventos . . . Senec. natural. quæst. cap.* I. *lib.* I.

(*b*) *Geminæ autem salutares & prosperi cursus prænuntiæ: quarum adventu fugari diram illam ac minacem, appellatamque Helenam ferunt . . . & ob id Polluci & Castori id numen assignant, eosque in mari deos invocant . . . omnia, incerta ratione & in naturæ majestate abdita . . . Plin. hist. nat. lib.* 2. *cap.* 32.

Une connoiſſance plus étendue des phénomènes de l'air, de l'oppoſition du chaud au froid, du phlogiſtique mêlé avec une grande quantité de vapeurs aqueuſes & d'autres exhalaiſons qui concentrent ſon action, & la rendent d'autant plus violente qu'elle eſt plus gênée, nous ont mis à portée de juger quelle pouvoit être la cauſe des tempêtes les plus redoutables. Elles ne le ſont nulle part autant que dans ces latitudes reculées, où le phlogiſtique univerſel, principe de la chaleur, du mouvement & de la fécondité, fait les efforts les plus marqués pour communiquer une chaleur bienfaiſante, & un mouvement ſalutaire, à des brumes immobiles, épaiſſes & froides qui l'arrêtent dans ſon cours, l'accumulent en quelque ſorte ſur lui-même, & le rendent aſſez violent pour vaincre d'auſſi puiſſans obſtacles. Alors il excite dans la partie de l'atmoſphère où il ſe développe, une agitation d'autant plus tumultueuſe, que les maſſes ſur leſ

G vj

quelles il agit font plus difficiles à
émouvoir. Les tempêtes horribles
& longues qu'il produit & dans lefquelles il fe diffipe , femblent devoir tout replonger dans le cahos ;
tel eft ordinairement l'état de l'air,
à la pointe la plus méridionale de
l'Amérique , dans les latitudes les
plus auftrales au-delà du cap de
Bonne-Efpérance. On retrouve les
mêmes brumes , les mêmes tempêtes dans les mers qui s'étendent de
l'eft au nord , un peu au-delà du
Kamchatka , entre l'Amérique &
l'Afie. Ce font les mêmes ouragans,
les mêmes tourmentes qui rendent
toutes ces mers inabordables. Dans
des climats plus tempérés , & prefque dans toutes les latitudes , on
eft expofé à des tempêtes violentes
qui font moins durables , mais qui
font produites par les mêmes caufes (a). Une trop grande quantité

(a) C'eft ce que femble indiquer une
coutume affez fingulière qui mérite de

de phlogistique resserrée par des vapeurs humides, dans un espace étroit, y excite une agitation pernicieuse; l'air & la mer, le feu & l'eau sont

---

trouver place ici. Au château de Duino dans le Frioul, au bord de la mer Adriatique, il y a de tems immémorial, sur un des bastions de la place, une pique plantée verticalement la pointe en haut. Quand le tems menace d'orage, la sentinelle qui monte la garde en cet endroit, présente au fer de cette pique, celui d'une hallebarde, qu'on laisse toujours-là pour cette épreuve. Si le fer de la pique étincelle beaucoup à l'approche de celui de la hallebarde, ou qu'il jette par la pointe une petite gerbe lumineuse, alors on sonne une cloche qui est auprès, pour avertir les gens de la campagne & les pêcheurs qu'ils sont menacés d'orage, & sur cet avis tout le monde rentre. On ne peut pas dire que ces fers attirent l'électricité des nuages orageux, ils ne servent plutôt qu'à manifester la présence d'un phlogistique extraordinaire & très-actif répandu dans l'air, qui doit être alors fortement électrisé; à en juger par le phénomène dont nous parlons. On ne doit pas même comparer ces étincelles lumineuses en quelque ſorte confondus ; il faut qu'ils ſe ſéparent & rentrent chacun dans leur ſphère, pour que le calme ſe rétabliſſe. La marque la plus aſſurée de cette tranquillité prochaine, eſt lorſque l'on voit paroître ces feux légers qui s'attachent aux mâts. Le phlogiſtique moins diviſé, paroît ſe retirer tranquillement avant que de ſe diſſiper ; plus il s'élève & plus la tempête eſt prête à finir. Nous devons nous en rapporter à ce que nous en apprennent les navigateurs les plus éclairés.

» Après une longue tempête, dit » Dampier, nous vîmes le *corpus-* » *ſant* au haut de notre grand mât. » Ce fut une grande joie pour nos » gens ; car quand le *corpus-ſant* pa- » roît en haut, on regarde ordinai- » rement cela comme un ſigne que

---

& vraiment électriques aux autres petits météores qui paroiſſent aux agrêts des vaiſſeaux après les tempêtes ; ils ſont d'une toute autre nature, à en juger par leurs apparences.

» le fort de la tempête eſt paſſé.
» Mais quand on le voit ſur le til-
» lac, cela paſſe d'ordinaire pour un
» ſigne de mauvais augure. Le *cor-*
» *pus-ſant* eſt une certaine petite
» lumière brillante : quant elle pa-
» roît comme fit celle dont nous
» parlons au haut du grand mât,
» elle reſſemble à une étoile, mais
» quand elle paroît ſur le tillac,
» elle reſſemble à un gros ver lui-
» ſant ..... Je n'en ai jamais vu qui
» ait quitté le lieu où il s'eſt une
» fois mis, ſi ce n'eſt quand il eſt
» ſur le tillac, où chaque coup de
» mer l'emporte. Je n'en ai jamais
» vu non plus, que quand nous
» avons eu groſſe pluie & gros vent...
» La tempête duroit depuis ſix heu-
» res ; il étoit quatre heures du ma-
» tin, lorſque le *corpus-ſant* parut :
» il fit des éclairs & des tonnerres
» prodigieux & la mer nous ſem-
» bloit toute en feu, car chaque
» vague nous paroiſſoit comme un
» éclair ». (*Voyage autour du monde,*
tom. 2, c. 15.)

Un vaisseau Portugais étant à environ quinze lieues du cap de Bonne-Espérance, du côté du cap des Aiguilles, le 9 mai 1605, on vit au fort de la tempête sur le grand mât, une flamme de la grosseur d'une chandelle qui parut successivement pendant deux nuits. Ce phénomène n'a rien d'effrayant. Les Portugais lui ont donné le nom de *corposanto*, & croient qu'il annonce la fin du péril. On l'a regardé long-temps, comme un esprit qui s'intéresse au sort des vaisseaux maltraités ; mais depuis qu'on se borne à des causes moins éloignées, on n'a pas cherché d'autres explications que les vapeurs qui s'élèvent de la mer dans une violente agitation des flots. L'expérience a fait connoître que la tempête n'étoit pas fort éloignée de sa fin. (*Hist. générale des voyages*, édit. in-12., tom. 4, pag. 7.)

Quelquefois ces sortes de feux paroissent en grand nombre, lorsque l'on remarque dans le ciel tous

les signes d'une violente tempête,
qui cependant n'a pas lieu. » Nous
» étions, dit M. le C. de Forbin,
» (*tom.* 1, an. 1696.) sur la côte de
» Barbarie ; pendant la nuit il se
» forma tout-à-coup un tems très-
» noir, accompagné d'éclairs & de
» tonnerres épouvantables. Dans la
» crainte d'une grande tourmente
» dont nous étions menacés, je fis
» serrer toutes les voiles. Nous vî-
» mes sur le vaisseau plus de trente
» feux saint-Elme. Il y en avoit un
» sur le haut de la girouette du
» grand mât, qui avoit plus d'un
» pied & demi de hauteur ; j'en-
» voyai un matelot pour le des-
» cendre. Quand il fut en haut, il
» cria que ce feu faisoit un bruit
» semblable à celui de la poudre
» qu'on allume après l'avoir mouil-
» lée. Je lui ordonnai d'enlever la
» girouette & de venir ; mais à
» peine l'eut-il ôtée de sa place,
» que le feu la quitta ; il alla se po-
» ser sur le bout du mât, sans qu'il
» fût possible de l'en retirer. Il y

» resta assez long-tems, jusqu'à ce
» qu'il se consuma peu à peu. La
» menace de la tourmente n'eut
» d'autre suite qu'une pluie de quel-
» ques heures, après laquelle le beau
» tems revint «.

Ce que cette observation a de
singulier, c'est que les feux parurent avant la tempête en très-grand
nombre ; que sans doute ils ne se
répandirent pas dans l'air déja fort
obscurci par des nuages chargés
d'eau, & que cet obstacle que le
phlogistique touva à son expansion,
ou plutôt à son mêlange avec les
vapeurs aqueuses & les autres exhalaisons dont les nuées étoient pleines, fut cause qu'il n'y eut point
de tempêtes. Les nuées se fondi-
rent doucement en pluie, les vapeurs réunies retombèrent par leur
propre poids, & la tranquillité générale ne fut pas troublée. C'est ce
qui arrive tant sur terre que sur
mer, dans les saisons les plus orageuses, lorsque le phlogistique occupe une région déterminée de l'at-

moſphère, & que les vapeurs abondantes paroiſſent confinées dans une
autre. Il y a des vents ſouvent aſſez
impétueux, des pluies, quelquefois
de la grêle, mais rarement de ces
tempêtes formidables, par le bruit
éclatant du tonnerre, le feu des
éclairs & la chûte de la foudre. Le
pétillement que le matelot entendit lorſqu'il fut à portée du feu
attaché à la girouette, & qu'il compare au bruit que fait la poudre
que l'on allume, après qu'elle a été
mouillée, déſigne clairement l'é-
ruption du fluide électrique hors
des matières où il étoit enveloppé,
& ne nous laiſſe aucun doute ſur la
nature de ces feux : auſſi s'attachent-
ils de préférence aux pointes des
mâts, & aux extrémités des agrès
des vaiſſeaux, qui ſont ordinairement garnies de fer, parce que la
matière électrique les pénètre très-
aiſément, & s'y attache de préférence à toute autre ſubſtance.

On a vu de ces feux s'arrêter ſur
les javelots & aux fers des bâtons

auxquels tenoient les enseignes mi-
litaires des Romains. On vit, dit
Sénèque, une étoile se fixer au-dessus de la lance de Gylippe lorsqu'il
alloit au secours des Syracusains.
Dans les camps des Romains les fais-
ceaux d'armes ont paru couverts des
feux qui s'y étoient attachés. Quelquefois semblables à des foudres
légères, ces feux tombent sur les
arbustes & les animaux, mais comme ils n'ont pas un mouvement impétueux, ils ne font que couler jusqu'à ce qu'ils se soient fixés; ils
ne frappent, ni ils ne blessent les
corps sur lesquels ils s'arnêtent (a).
Pline assure les avoir vus plusieurs

(a) *Aliquando feruntur ignes, non se-
dent. Gylippo Syracusas petenti visa est
stella, super ipsam lanceam constitisse. In
Romanorum castris, visa sunt ardere pila;
ignibus scilicet in illa delapsis : qui sæpe
fulminum more, animalia ferire solent &
arbusta, sed si minore vi mittuntur, de-
fluunt tantum & insident, non feriunt nec
vulnerant.* Natural. quæst. lib. 1, cap. 1.

fois dans les rondes de nuit, &
regarde ces feux, comme de même
espèce que ceux que l'on voit en
mer sur les vaisseaux. Ce qu'il ajoute
que pour être d'un heureux présage,
il faut qu'il y en ait plusieurs; qu'un
seul annonce le naufrage d'un vaisseau, ou met le feu à la poupe, est
un effet de la crédulité superstitieuse
de son tems, sur quantité de faits
dont la cause étoit encore inconnue. Il auroit mieux raisonné, s'il
eût dit qu'il étoit d'un meilleur
augure d'en voir plusieurs qu'un
seul (a).

(a) *Vidi nocturnis militum vigiliis, in-*
hærere pilis pro vallo fulgorem effigie ea
(stellarum)! & antennis navigantium,
aliisque navium partibus, ceu vocali quo-
dam sono insistunt, ut volucres sedem ex
sede mutantes: graves cùm solitaria venere,
mergentesque navigia. ... Hist. natural.
lib. 2. cap. 32.

§. VII.

Ignis lambens, *ou feux qui paroissent sur les animaux.*

On met encore au rang des météores ignées ces feux légers & innocens, qui paroissent propres à l'atmosphère agitée de certains animaux, que l'on voit briller sur la tête des enfans, & sur celle des adultes, sur la crinière des chevaux, sur-tout lorsqu'on les étrille, sur le dos des chats & des chiens que l'on frotte à contrepoil.

Ces feux ont été regardés par les anciens comme des prodiges, par lesquels les dieux expliquoient leur volonté, sur la destinée future de ceux, sur la tête desquels ils paroissoient. Lorsque toute la maison d'Enée retentissoit des gémissemens & des cris de Créuse, un prodige s'offrit tout-à-coup aux yeux de cette famille désolée. Sur la tête du jeune Ascagne, on vit briller une flamme légère, voltigeant autour de son front & de sa chevelure. On en fut effrayé, on vouloit éteindre avec de l'eau, cette flamme céleste; mais Anchise frappé de ce spectacle, & réjoui du présage, leva les yeux & les mains au ciel. « Puissant Jupiter, s'écria-t-il, si » nos prières peuvent vous fléchir, » jettez seulement sur nous un re- » gard favorable; ensuite si notre » piété mérite votre secours, dai- » gnez nous l'accorder, & confir- » mer en notre faveur cet heureux » présage ». A peine eut-il achevé cette prière qu'on entendit à gauche un grand éclat de tonnerre; en même-tems on vit, au milieu des ténèbres, tomber sur la maison une étoile brillante, qui, après en avoir touché légèrement le faîte, traça dans l'air un long sillon de lumière, & répandant de tous côtés une flamme sulfureuse, alla se perdre dans la forêt du mont Ida (a).

____

(a) Ecce levis summo de vertice visus juli
    Fundere lumen apex, tactuque innoxia molli

Il n'est pas question ici de la
vérité historique de ce fait, mais
de retrouver dans la description
que Virgile en donne, toutes les
circonstances qui constatent l'état
de l'air, lorsque ce feu parut, &
l'espèce de ce feu. Nous voyons que
l'air étoit alors agité d'une tempête, à laquelle on ne devoit faire
aucune attention, dans le trouble
où se trouvoient les malheureux
Troyens, obligés de fuir de leur

Lambere flamma comas & circum tempora
    pasci.
Nos pavidi trepidare metu, crinemque fla-
    grantem
Excatere, & sanctos restinguere fontibus ig-
    nes. . . .
. . . . Subitoque fragore
Intonuit lævum, & de cœlo lapsa per umbras,
Stella facem ducens, multa cum luce cucurrit,
Illam summa super labentem culmina tecti,
Cernimus Idæa claram se condere silvâ,
Signantemque vias : tum longo limite sulcus
Dat lucem, & late circum loca sulphure fu-
    mant.
              Æneid. 2. vers. 682. & seq.

ville,

ville, en proie aux flammes & à la fureur des Grecs. Mais ce prodige fut assez marqué pour les rassurer, & leur faire croire que les dieux s'intéressoient encore à leur conservation. Toutes les expressions du poëte, nous décèlent l'intention qu'il a eu de peindre un phénomène qu'il avoit sans doute observé plus d'une fois. Le mot *apex* dont il se sert, désigne la forme même de la flamme, une aigrette lumineuse, telle que les expériences de l'électricité en font sortir de tous les corps. Quant aux feux de l'espèce de celui qui brilla autour de la tête du petit Ascagne, il devoit son existence aux exhalaisons grasses & sulfureuses, que le mouvement précipité du sang & des esprits animaux font sortir des corps vivans, & qui, condensés par la fraîcheur de l'air extérieur, s'arrêtent par leur viscosité aux cheveux & aux poils des animaux, y restent invisibles jusqu'à ce que d'autres exhalaisons d'une nature

Tome IX.   H

différente viennent les heurter,
les divifer, & les mettre dans
un état de raréfaction qui en augmente le mouvement. Alors repouffées par l'air ambiant, elles fe
choquent les unes les autres, &
donnent lieu au développement du
fluide ignée qu'elles renfermoient,
d'où naît un feu fi léger, qu'il n'endommage même pas les cheveux
fur lefquels il paroît s'allumer.

Tel fut celui qui parut fur la tête
du jeune Servius Tullius pendant
qu'il dormoit, & auquel il dut fa
fortune & fon élévation. Les domeftiques de Tarquin l'ancien,
dans la maifon duquel Tullius
étoit né d'une efclave, effrayés de
ce prodige, jettèrent de grands
cris, & fe difpofoient à éteindre
ce feu avec de l'eau; mais Tanaquille, femme forte & courageufe,
crut comme Anchife, lire les ordres de la divinité dans cette flamme; elle défendit qu'on l'éteignît,
ni qu'on éveillât l'enfant : peu après
la flamme s'évanouit en même-

tems que le sommeil cessa. Tanaquille très-versée dans la science
des augures, dont elle s'étoit inf-
truite dans la Toscane sa patrie, tirant à part son mari Tarquin, lui
fit prévoir dans cet évènement les
grandes destinées de cet enfant,
quoique né dans l'état d'esclave, &
dès-lors fondant sur lui toute l'es-
pérance de la gloire & de la fortune
de sa maison; elle lui fit donner
une éducation digne des grandes
choses auxquelles les dieux sem-
bloient l'appeller. On sait que ce
même Servius épousa depuis la fille
de Tarquin l'ancien, & fut le sixième roi de Rome, après la mort de
son beau-père (a).

(a) *Puero dormienti cui Servio Tullio
nomen fuit, caput arsisse ferunt in conspectu
multorum.* (Tit. Liv. lib. 1. cap. 39.) Denis
d'Halicarnasse, liv. 4. des antiquités romai-
nes, rapporte le même fait, & dit que l'enfant dormoit après midi dans l'appartement
du roi. Il faut voir dans ce même auteur l'o-
rigine singulière qu'il donne à Servius

H ij

L'usage des tems anciens de regarder comme des prodiges, tout ce qui sortoit de l'ordre commun de la nature, n'est pas ce qui doit nous occuper ici. Nous ne nous arrêterons qu'au phénomène ; & nous conjecturerons que le sang & les esprits animaux du jeune Servius, devoient, malgré le sommeil, être dans un mouvement rapide ; la transpiration étoit forte, & cet enfant étoit alors dans l'état de ceux qui dorment par un tems chaud. Il étoit peut-être au moment d'une sueur abondante, dans un appartement dont la fraîcheur concentroit autour de sa tête les exhalaisons de

---

Tullius, & l'histoire plaisante du mariage de sa mère Ocrisia, femme d'une beauté rare, qui fut faite captive à la prise de la ville de *Corniculum*, par Tarquin l'ancien. Ce roi fit présent d'Ocrisia à Tanaquille sa femme, qui lui rendit ensuite la liberté, & en fit son amie. On croit que la ville de *Corniculum* étoit bâtie sur le mont *Gennaro*, auprès de Tivoli.

fon corps, & qui devoient être très-
difpofées à s'enflammer. L'état apparent de repos où étoit cet enfant,
ne dut pas empêcher que fon fang
& fes humeurs ne fuffent alors dans
une agitation très-propre à envoyer
au-dehors beaucoup d'exhalaifons
d'une nature fulfureufe, qui fervent
d'enveloppe au fluide ignée & à la
matière électrique.

Par la même raifon, quoique
dans une fituation contraire, on
voit des gens dans l'ardeur effrénée
de la colère, ou dans la chaleur
d'une violente agitation, avoir la
tête, les yeux, les cheveux mêmes
étincelans de petites flammes lumineufes; produites fans doute par
la grande fermentation du fang &
du phlogiftique allumé dans leurs
veines, qui s'échappe au-dehors.

Des Anglois échappés de la po-
tence, parce que la corde s'étoit
rompue au moment de leur fup-
plice, rapportoient avoir vu, au
moment que le bourreau ferroit la
corde & les jettoit en bas, une lu-

mière auffi brillante que celle du
foleil, quoiqu'ils euffent les yeux
fermés (a). On voit de même quelquefois des malades, dans le dernier inftant de leur vie, lorfque le
mouvement ceffe en eux avec quelque convulfion marquée, dont le
vifage étincelle de lumière, & auxquels cet éclat paffager donne un
inftant de beauté, dont ils n'avoient
auparavant aucun trait. J'ai vú une
femme d'une figure très-aimable,
mais qui n'étoit plus reconnoiffable
après une longue maladie, reprendre, quelques inftans avant fa mort,

---

(a) *Udii piu volte dire à Londra, che
alcuni rei liberati della forca, per efferfi
loro rotto il laccio, racontavano ché quando il carnefice ftringeva loro il collo, ve-
deano un luminofiffimo fole ad occhi. Ed é
noto che molti infermi, nell' atto di morire
apparvero fcintillanti nel volto. Quefta
luce non viene che d'all' agitazione de
zolfi inclufi negli animali, e di cui pur tanto
abbondano i loro efcrementi...* Rifleffioni
fu l'aurora boreale del. S. A. A. Conti,
pag. 26.

les couleurs, les traits, les agrémens mêmes qu'elle avoit en pleine santé, & expirer presque aussi-tôt, ne conservant plus rien de cette beauté passagère. Cet éclat extraordinaire dans les mourans, ce changement subit, n'a-t-il pas pour cause l'agitation du fluide subtil, & l'explosion du phlogistique qui circule dans le corps des animaux, & qui les abandonne alors avec le mouvement dont il est le principe?

Ce que nous venons de dire, ne doit être regardé que comme l'effet précipité de ce feu que, dans d'autres circonstances, on voit briller d'un éclat remarquable. Le phlogistique, en faisant ces sortes d'éruptions, ne se développe point d'une manière sensible; il est embarrassé de trop de matières étrangères, pour paroître. Il est rare encore que ces feux légers soient visibles autre part que dans l'obscurité, parce que leur éclat est si foible, qu'il se confond aisément dans celui d'une autre lumière. On

H iv

pourroit plutôt le diſtinguer à l'eſpèce de bruit qu'il fait en s'échappant, & que l'exploſion de l'étincelle électrique nous a appris à connoître. Un frottement quelconque,
accompagné d'un degré modéré de
chaleur, fait ſortir de ces flammes
de preſque tous les corps; mais il
faut de l'attention pour les appercevoir. Un petit éclat les annonce
en mille circonſtances; & dès qu'on
l'a entendu, il ne faut plus eſpé-
rer de voir l'étincelle, qui eſt diſſipée; mais elle peut ſe renouveller.
J'ai vu ſortir de mon corps, naturellement électriſé, à un degré médiocre, une aigrette qui tenoit à une traînée d'un fluide blanc,
aſſez lumineux pour en ſuivre la
trace dans l'obſcurité. Ce fluide décrivit une ellipſe de huit à dix
pouces, à l'extrémité de laquelle
parut une aigrette ou étoile d'un
feu bleuâtre peu lumineux, qui ſe
termina par une petite exploſion.
Ce qui me fit appercevoir de ce
phénomène ſi léger, fut le bruit

plus marqué d'une autre explosion qui avoit précédé cette apparence. Tout ce mouvement se fit très-certainement dans mon atmosphère. C'étoit au commencement de février 1767; l'air étoit alors assez doux pour la saison; le froid âcre & violent qui avoit duré pendant tout le mois de janvier, étoit fort diminué. L'air étoit humide, & le ciel chargé de toutes parts de nuées à pluie; tems peu favorable à l'apparence des petits météores que l'on voit courir dans les belles nuits de l'été; mais l'atmosphère particulière des corps change la modification générale de l'air, & doit la raréfier dans quelques circonstances : alors le fluide ignée qui s'en échappe peut y paroître sous des apparences semblables à celles que je viens d'indiquer.

C'est dans la classe de ces petits phosphores naturels qu'il faut placer le phénomène suivant, assez singulier pour que nous le rapportions ici, tel qu'il se trouve détaillé

H v

dans les mémoires de l'académie royale des sciences. (*An.* 1746. *Hist. pag.* 23.) M. Lohier le fils, avocat au parlement de Bretagne, écrivoit à M. de Réaumur que « le » 14 septembre, vers les sept heu- » res & demie du soir, étant à » Rennes avec deux de ses amis, » dans un cabinet fait & couvert » de planches peintes en verd, il ap- » perçut subitement sur la partie » de sa robe de chambre qui répon- » doit à la poitrine, 30 ou 35 » corpuscules lumineux ayant l'é- » clat vif & blanc de l'éclair, avec » une nuance très-légère de rouge. » Ces corpuscules étoient pour la » plupart globuleux, les plus pe- » tits de la grosseur d'un pois, & » les plus gros de celle du bout du » petit doigt. On voyoit parmi ces » globules six ou sept corpuscules qui » paroissoient cylindriques, de la » longueur d'environ un pouce ou un » pouce & demi, & de l'épaisseur de » deux lignes; ces corps longs, pa- » roissoient descendre vers le bas de

» la robe de chambre, par un mou-
» vement semblable à la démarche
» non accélérée d'un ver, & celui
» qui fit le plus de chemin parcou-
» rut environ quinze à dix-huit
» lignes. A l'égard des globules ils ne
» paroissoient avoir aucun mouve-
» ment de translation ; M. Lohier
» crut seulement y en remarquer
» un de rotation. A la lueur de ces
» corps lumineux on pouvoit aisé-
» ment lire de l'écriture, & dis-
» tinguer les deux couleurs de la
» robe de chambre. Un des deux
» assistans crut que ces corps lumi-
» neux étoient des vers luisans, &
» voulut en enlever, en glissant
» dessous une feuille de papier très-
» mince : mais il fut fort surpris
» de voir que le papier couvroit le
» prétendu ver, & lui ôtoit toute
» l'apparence d'épaisseur qu'on avoit
» cru lui remarquer & qu'il reprit
» en ôtant le papier. Une seule de
» ces lignes lumineuses se sépara
» en la touchant avec le papier, &
» forma trois ou quatre globules ;

H vj

» une autre s'écoula d'elle-même
» aussi en se séparant en globules.
» On avoit beaucoup de peine à
» éteindre ces petits corps lumi-
» neux, quelques-uns ne le furent
» qu'après avoir été frottés & pin-
» cés plusieurs fois. Ils ne durèrent
» cependant pas long tems; au bout
» de cinq ou six minutes ils s'étoient
» tous éteints d'eux-mêmes & suc-
» cessivement. Les deux côtés de la
» poitrine parurent éclairés en mê-
» me-tems ; on vit plus de glo-
» bules du côté gauche, mais ceux
» du côté droit furent plus vifs
» & durèrent plus long-tems. On
» en remarqua quatre ou cinq, &
» quelques lignes lumineuses sur
» l'épaule droite, & aucun sur tout
» le reste du corps. Environ une
» demie minute après l'extinction
» de ce phénomène, il tomba une
» pluie assez forte, mais de peu de
» durée; deux heures auparavant
» il en étoit tombé une à-peu-près
» pareille, & le tems en général
» étoit obscur & disposé à la pluie ».

Nous plaçons ici cette observation,
parce que cette espèce de météore
qui s'attacha fur une feule personne
au milieu de deux autres, trouva
fans doute dans fon atmofphère
des difpofitions qui favorifèrent,
la réunion, le développement &
l'incendie de fa matière répandue
en partie dans l'air ambiant, mais
que l'on peut regarder auffi comme
émanée en partie du corps fur lequel
les étincelles lumineufes parurent.

Il eft encore tout naturel qu'en
peignant des enfans à rebrouffe
poil, en frottant de même les
chats, les chiens, les chevaux,
dans l'obfcurité, on voie communément briller fur eux de ces
étincelles que la chaleur de la main
& le frottement développent & font
paroître à l'extrémité des cheveux
& des poils. Ce feu n'eft autre chofe
que le fluide électrique répandu
dans l'air, qui eft attiré par la fric-
tion des cheveux & des poils qui
font électriques, & qui eft déterminé par là à fe manifester fous la

forme d'étincelles enflammées & à pétiller.

On rapporte un fait singulier d'un certain passage en Dannemarck, où les chevaux, lorsqu'ils y sont, paroissent environnés d'un tissu d'étincelles ardentes. Si le fait est réel, on doit l'attribuer, moins à la matière électrique qui peut sortir des chevaux, qu'à d'autres exhalaisons propres à cet endroit, qui sont choquées par celles que produisent les chevaux, & agitées au point de s'enflammer. Pour prononcer sur ce phénomène particulier, il faudroit être à portée de l'observer, ou en avoir des relations circonstanciées, tant par rapport à l'état où se trouvent alors les chevaux, qu'à la qualité du sol, & à la nature des exhalaisons qui peuvent lui être particulières.

Enfin on voit sortir du corps des animaux fatigués d'un long travail, ou d'une course précipitée, des fumées qui sont mêlées d'étincelles lumineuses, malgré l'abondance

de la sueur dont ils sont couverts ;
ce qui prouve qu'elles sont produites par une grande évaporation
occasionnée par le mouvement précipité du sang & des humeurs. Ces
phénomènes seroient plus sensibles ;
on les observeroit plus souvent, si
on avoit la vue assez pénétrante
pour voir tous les changemens qui
arrivent dans l'atmosphère particulière des corps. On lit dans les mélanges de Vigneul Marville, une
petite histoire bien propre à donner
une idée de cette vérité. Un mar-
chand de lunettes & de microscopes se présenta à un françois qui se
trouvoit à Londres, & lui fit voir
le plus excellent des microscopes :
il aidoit à découvrir les corpuscules
différens qui sortent des corps par
la transpiration, l'étendue de l'atmosphère qu'ils forment, & leur
rapport avec ceux des atmosphères
voisines. Ce miscroscope entr'autres
découvertes fit connoître l'état où
étoit un lièvre chassé par des chiens.
Le voyageur françois muni de cet

inftrument merveilleux , en obferva un paffant dans la campagne
à dix pas de lui, & il lui parut
comme un tifon ardent qui laiffe
après lui une groffe fumée. C'étoit
le fluide ignée qui fe développoit
précipitamment, & la tranfpira-
tion de l'animal qui fe faifoit avec
affez d'abondance , pour que les
vapeurs s'en répandiffent au loin,
ce qui déterminoit les chiens à courir à fa fuite, felon que leur odorat
en étoit frappé : de forte qu'ils ne
perdóient les voies du lièvre, que
quand les vapeurs étoient diffipées
par un grand vent, ou par quelqu'autre accident arrivé dans l'atmofphère (a).

____

(a) A s'en rapporter au trait fuivant,
un microfcope de cette efpèce ne laiffe-
roit aucun doute fur la force de la nature,
pour former quelques inclinations, qui
paroiffent naître au premier abord entre
perfonnes qui ne fe font jamais connues.
« A la fortie du logis nous allâmes au jeu
» de paume. Quatre hommes jouoient, je
» fentis de l'inclination pour l'un d'eux,

On peut dire que mille difpofitions des corps, dont la plûpart
nous font inconnues, peuvent occafionner l'éruption de ces feux,
dont ils contiennent la matiére, &
qui fe manifeftent au-dehors, fous
des formes très-différentes les unes
des autres : tel eft le fait fuivant.
Après un accouchement très-labo-
rieux fait par M. Leduc, fameux
chirurgien accoucheur de Paris, le

» & de l'averfion pour un autre, avec une
» forte envie que l'un gagnât & l'autre
» perdît. Je les regardois tous deux avec
» le microfcope; l'agitation dans laquelle
» ils étoient les faifoit beaucoup tranf-
» pirer, & la vapeur en venoit jufqu'à
» moi. J'en examinai toutes les parties
» & toutes les figures, & je m'apperçus
» que toutes les parties de la vapeur de
» celui pour qui je fentois de l'inclina-
» tion, étoient telles qu'elles s'accro-
» choient aifément à ce que je tranfpirois
» moi-même, & qu'au contraire les par-
» ties de la vapeur de celui pour qui j'a-
» vois de l'averfion, étant figurées en
» pointes, les unes aiguës, les autres
» émouffées, j'en étois bleffé ou choqué ».

15 décembre 1697, dans lequel il fut obligé de faire avec le crochet l'extraction d'un enfant mort depuis quelques jours ; après cette première opération, & avant que le fond de l'utérus eût été débarrassé de l'arrière-faix, une flamme de couleur violette, d'odeur de soufre, & dont la chaleur se fit sentir aux mains de deux personnes qui tenoient la malade, s'échappa avec impétuosité par la vulve, & cette exhalaison allumée qui s'étendoit du dedans de la matrice à plusieurs pas, remplit, en s'éteignant incontinent, toute la chambre de fumée. Cette femme étoit âgée d'environ vingt-deux ans ; c'étoit son premier accouchement, auquel elle survécut plusieurs jours, & l'habile accoucheur assuroit pouvoir citer plus de quinze témoins oculaires de ce phénomène (a). C'est

____

(a) V. *les anecdotes de médecine*, part. 2. art. C. XIII. *in-*12. *Lille* 1766.

aux maîtres de l'art, à ceux qui connoissent les suites des révolutions que peuvent occasionner dans les femmes, la cruelle position où elles se trouvent alors, à chercher les causes de la génération & de l'éruption de cette flamme extraordinaire.

§. VIII.

Phosphores naturels, mouches & insectes lumineux de différens climats.

Les phosphores naturels, ces substances vivantes capables de produire la lumière dans les ténèbres : les corps qui, lorsqu'ils sont en dissolution, deviennent lumineux ; les pierres & autres matières minérales qui, préparées par une calcination convenable, ont la propriété de recevoir, conserver & rendre la lumière, sont autant de phénomènes, les uns naturels & les autres artificiels qui appartiennent à l'his-

toire des météores. Nous avons vu
que la matière du feu élémentaire,
le fluide électrique est renfermé
dans tous les corps, que c'est ce qui
les rend inflammables, & qu'il s'en
échappe sous la forme de la flamme, si-tôt qu'il est dégagé de ses
enveloppes; pourvu qu'il soit assez
abondant pour se manifester au-
dehors & faire sensation. Les expériences nous ont appris que cette
matière est cachée dans une infinité
de mixtes, & même souvent en
grande abondance, sans qu'on y
découvre aucune de ses propriétés
sensibles, sans qu'elles se déclarent
pour ce qu'elles sont, à moins que
des agens extérieurs & des circonstances favorables ne leur aident à
se montrer (a).

(a) Selon M. Franklin, (*let.* 27.) il y
a des corps qui ne font pour ainsi dire
autre chose que du feu solide, ou dans
un état de solidité. A supposer que le feu
réside dans ces corps avant l'embrasement,
allumer le feu n'est autre chose que déve-

L'air lui-même, tant celui de l'atmosphère, dont une multitude d'expériences & d'observations nous ont fait connoître la composition, que cette matière plus subtile qui remplit l'espace immense qui est entre notre globe & les astres qui l'éclairent, n'est qu'un grand phosphore tout imprimé de cette matière ignée qui n'attend que l'action du soleil pour se développer & se mettre en mouvement. Nous verrons encore que l'eau est toute imprégnée de ce fluide lumineux. Mais ceux de tous les corps ou la matière du feu, est le plus sensiblement renfermée, ce sont les phosphores artificiels, presque tous produits ou formés par l'action d'un feu violent, on n'a qu'à les exposer au jour, & ils acquièrent aussi-tôt

---

lopper le principe inflammable, & lui donner assez de liberté pour séparer les parties de cette substance, laquelle donne ensuite toutes les apparences d'un corps qui détonne, qui fond, ou qui s'enflamme.

une nouvelle matière lumineuse, qui met l'ancienne en action; ce font des éponges de lumière qui la rendent avec autant de facilité qu'ils l'ont reçue.

Nous ne nous occuperons ici qu'à donner une idée des phofpho-res naturels, de ceux qui, fans le fecours de l'art, deviennent lumi-neux en certains tems, ou par des circonftances connues, fans avoir aucune chaleur fenfible. Ceux qui nous font le plus familiers, font les vers luifans, fi communs dans les campagnes de pays froids, ou de ceux dont la température eft plus froide que chaude. Celui qui fe trouve dans nos provinces, eft un ver long de huit à dix lignes, les plus gros ont trois lignes de largeur; il y en a de plus petits. Ils ont tous fix jambes écailleufes. Leur corps eft divifé en plufieurs parties an-nulaires: chaque anneau étant re-couvert d'une pièce horifontale de couleur brune & comme cruftacée. Ce ver a, ainfi que les chenilles,

neuf stigmates de chaque côté : il a
deux antennes, & au-devant de la
tête deux dents longues, courbes
& déliées. Il marche fort lentement & il est aisé à saisir. Lorsqu'on
le touche, il retire la tête & reste
immobile ; la seule chaleur de la
main l'arrête. Nous ne parlons ici
que de la femelle de cet insecte,
elle est seule lumineuse, sur-tout
dans le tems de l'accouplement. La
partie inférieure de son corps, longue de quatre lignes au moins dans
les plus grandes, est pleine d'une
liqueur brillante dont la couleur
est d'un verd clair, & la lumière
douce & agréable. Cette liqueur
examinée au microscope, est alors
dans une grande fermentation, &
on voit qu'il s'en échappe des rayons
lumineux que l'on pourroit prendre
pour des petites flammes très-dé-
liées. Cet éclat ne dure que pendant quelques jours, mais comme
il est probable que ces vers ne parviennent pas tous en même-tems
au terme où ils doivent briller,

qu'ils sont d'âge différent, à en juger par leur taille ; il n'est pas étonnant que l'on en voie pendant la nuit durant une grande partie de l'été. Ce que l'on peut assurer, c'est que la matière qui est contenue dans le ventre de ces insectes est vraiment phosphorique ; si on les ouvre & que l'on étende cette liqueur verte ou jaune sur du papier, elle brille comme dans l'insecte, jusqu'à ce que le phlogistique qu'elle contient soit tout-à-fait évaporé.

Les mâles de ces insectes ne ressemblent en rien à leurs femelles. Ce sont des espèces de mouches noires ou de petits scarabées plus longs que larges, dont les ailes sont enveloppées de deux petits fourreaux écailleux, & qui voltigent en assez grand nombre autour des femelles. Cependant on ne les y apperçoit pas, & il est même rare d'en prendre qui leur soient attachés, quoiqu'ils les suivent par-tout. Pour en avoir, il faut mettre un ver luisant ou deux

dans

dans un petit vase de verre dont le
fond soit garni de terre fraîche,
recouverte de petites herbes, à portée de quelque buisson, ou d'une
grosse touffe d'herbes. Le ver brille
alors de tout son éclat, & les mâles
y viennent en foule. J'en ai vu huit
ou dix se remuer avec beaucoup de
vivacité autour d'une femelle, qui
en reçoit quatre ou cinq en même-
tems. Il ne paroît pas que des fa-
veurs si partagées inspirent aux mâles aucune jalousie ; une fois en
place ils restent tranquilles, tandis
que ceux qui ne peuvent arriver au
même but, ne cessent d'en chercher
inutilement les moyens, jusqu'à ce
qu'un autre leur a fait place. La
femelle rend peu d'éclat pendant
cette opération ; mais dès que les
mâles se sont retirés, elle commence à briller de nouveau. Voilà
ce que j'ai observé plusieurs fois,
avec des vers luisans de différentes
tailles : la grandeur des mâles n'est
pas aussi la même. Je ne les ai pas
suivi plus loin, & j'ai cru que re-

Tome IX. I

lativement à cet insecte, la lumière dont il brille servoit à indiquer au mâle l'endroit où il devoit chercher sa femelle, quoique des observations plus récentes assurent que cet insecte est lumineux dans toute sorte d'état, même dans celui de nimphe & de ver (*a*).

Les vers luisans de la Pensilvanie, moins brillans que ceux de nos climats, paroissent cependant être

---

(*a*) Le ver luisant de France nommé *lampyris*, *pyrolampis*, ou *cicendela* ; le mâle a les jambes plus longues que la femelle, son corps n'a que cinq anneaux, mais il a un corcelet divisé d'avec le corps, comme les autres scarabées. Ses ailes sont moins longues que son corps, & les élitres ou fourreaux de ses ailes sont minces & flexibles, sa tête est un peu plus applatie, & ses yeux assez gros. Celui-ci n'est pas ordinairement lumineux, mais cependant il donne de la lumière lorsqu'on le prend peu après l'accouplement. La lumière de la femelle indique au mâle, qui est ailé, l'endroit où il doit la trouver. C'est pour lui le flambeau de l'amour. *Mém. de l'acad. des sciences, an. 1766.*

de la même espèce. Cet insecte phosphorique rampe dans les haies & dans les buissons. Son corps est droit, composé d'onze anneaux, & terminé en pointe aux deux extrémités ; sa couleur générale est brune : les antennes qu'il a sur la tête sont petites & droites. La partie antérieure de son corps est armée de six pieds ; lorsqu'il marche il laisse traîner la partie de derrière sur la terre, & semble ne s'aider que de celle de devant. Sa queue contient à l'extérieur une matière qui jette une petite lueur dans les ténèbres, & qui paroît verte lorsqu'on l'examine au grand jour. Ce ver supprime cette clarté quand il veut, & l'on ne peut alors le découvrir que très-difficilement ; c'est sur-tout après de grandes pluies que ces vers se montrent en si grande quantité que le terrein, sous les buissons, paroît tout parsemé de petites étoiles. (*Hist. nat. & polit. de la Pensilvanie*, ch. 4. §. 6.)

Le spectacle que donnent ces insectes est fort uniforme, comme ils se remuent peu, ils n'ont pas l'agrément que l'on remarque dans les mouches luisantes d'autres climats.

L'Italie a ses vers luisans comme la France, mais elle a de plus, dès le commencement de mai, une quantité étonnante de mouches brillantes, qui, dans les nuits les plus obscures, offrent de toutes parts un spectacle varié & très-agréable. La lumière qu'elles rendent est plus rouge & plus vive que celle de nos vers luisans. Je me promenois au commencement de mai 1762 hors de Rome, plus d'une heure après le soleil couché : j'apperçus de petits traits de feu qui s'élevoient de terre, & qui décrivoient toutes sortes de lignes à différentes hauteurs, les unes de bas en haut, les autres en sens contraire. La cause m'en étoit inconnue ; je crus d'abord que c'é-toient quelques exhalaisons sulfu-reuses que la fraîcheur de l'air avoit condensées, & qui s'enflammoient

à la manière des autres petits météores. Ce qui m'étonnoit c'étoit
d'en voir une si grande quantité
dans le même endroit, & au-dessus
d'un chemin pavé, entre deux murs,
le long desquels il n'y avoit que
quelques buissons fort bas, ou de
grandes herbes. Je m'approchai,
l'obscurité m'empêchoit de distinguer le corps d'où partoit la lumière.
A la fin je saisis quelques-uns de ces
traits de feu, & je vis que c'étoient
de petits scarabées moins gros
qu'une abeille, dont les fourreaux
des ailes étoient noirâtres, & le
ventre dans les uns d'un gris cen-
dré, dans les autres d'un brun jau-
nâtre rempli d'une matière visqueuse, transparente & assez lumineuse pour que trois ou quatre de
ces insectes renfermés dans un tuyau
de verre blanc, éclairent une chambre de manière à pouvoir distinguer les différens objets qui s'y
trouvent. La liqueur qui remplit la
partie lumineuse de l'insecte est
dans un grand mouvement, ainsi
que dans le ver luisant.   I iij

Quelques jours après j'eus le même spectacle en grand, le long des haies qui bordent le commencement de la voie Flaminienne, depuis Rome jusqu'à *Pontemolle*. Les buissons en étoient chargés des deux côtés, de sorte qu'ils ressembloient en partie à de petits arbres sur lesquels auroit brûlé un feu fixe & doux, qui auroit eu de l'éclat, mais sans aucun mouvement de flamme. Chaque buisson paroissoit être le centre d'un petit feu d'artifice, tandis que mille mouches volant autour formoient des cercles, des arcs, des ellipses, des traits de feu de toutes sortes de formes, & représentoient en raccourci, sous une seule couleur, toutes les variations singulières que l'on admire dans les aurores boréales des terres Arctiques. J'ai pris plusieurs de ces insectes, & je n'en ai trouvé aucun qui ne fût brillant; ce qui me porte à croire que les mâles & les femelles ont la même propriété, & étincellent d'un feu de même couleur;

car on n'y remarque point de différence. Quand ont les tient renfermés, on s'apperçoit que la lumière
qu'ils rendent n'est pas uniforme,
elle sort comme par élancemens ;
ainsi les mouvemnes que l'insecte
se donne pour voler, ne servent
qu'à le rendre plus brillant, & à
faire mieux observer ses mouvemens : c'est ce que l'on remarque
encore dans ceux que l'on tient,
qui cherchent à s'échapper ou qui
s'envolent. Cette mouche est connue en Italie sous le nom de *luf-
ciola (a)*.

______

(a) Pline a parlé de ces mouches phofphoriques. Elles rendent, dit-il, pendant
la nuit une lumière qui sort de leurs côtés
& du derrière de leurs corps ; elles sont
alternativement lumineuses & obscures
lorsqu'elles ouvrent leurs ailes, ou qu'elles
les resserrent. On ne les voit que lorsque
les herbes commencent à mûrir, & elles
disparoissent après qu'elles sont coupées...
*Lucent ignium modo noctu, laterum &
clunium colore lampyrides; nunc pennarum
hiatu refulgentes, nunc vero compreffu*

Les mouches luifantes que l'on voit dans les Indes, paroiffent être les mêmes que celles de l'Italie. Les arbres qui bordent la rivière

---

obumbratæ, non ante matura pabula aut poft defecta confpicuæ. Hift. nat. lib XI. cap. 28. . . . Il dit ailleurs que les laboureurs ne doivent pas s'amufer à confidérer les aftres, que c'eft tems perdu pour les gens de la campagne de fe livrer à de telles fpéculations. Je vous préfente, leur dit-il, des étoiles faites pour vous, répandues dans les herbes de vos pâturages ; elles brillent fous vos pas, lorfque vous revenez du travail des champs. Ce font vos pléiades, elles fe trouvent à vos pieds ; leur éclat eft borné à un tems déterminé de l'année : elles font, n'en doutez pas, une production de la conftellation célefte ; ainfi quiconque aura femé les graines de l'été avant qu'elles ne paroiffent, fera fruftré du prix de fon travail. . . . . . *Cur cœlum intuaris Agricola? cur fidera quæras ruftice? ecce tibi inter herbas tuas fpargo peculiares ftellas, eafque vefpere & ab opere disjungenti oftendo, ac ne poffis præterire miraculo follicito. Vides ne ut fulgor igni fimilis alarum compreffu tegatur, fecumque lucem habeat & nocte. . . Habes ante pedes*

de Menan, dans le royaume de
Siam, en sont tous couverts pendant la nuit, de sorte qu'ils ressemblent à autant de lustres chargés
d'une infinité de lumières, que la
réflexion de l'eau multiplie. Par un
mouvement assez singulier, elles
cachent quelquefois leur lumière,
& la font reparoître toutes ensemble un moment après, avec une
régularité & un accord qui ont
quelque chose de merveilleux.

On voit voltiger de ces mouches luisantes en si grande quantité, en Pensilvanie, pendant les
nuits d'été, qu'on diroit que toute
l'atmosphère est remplie d'étincelles
volantes. On prétend que ces mouches phosphoriques sont une métamorphose des chenilles qui dé-

*tuos vergilias. In certis ea diebus prove-
niunt, durantque fœdere sideris hujus : par-
rumque eas illius esse certum est. Proinde
quisquis æstivos fructus ante illas severit,
ipse frustrabitur se se. . . . . . Hist. natur.
lib. 18. cap. 27.*

I v

vorent les feuilles des arbres, au point que les forêts sont aussi dépouillées après leur passage que dans le cœur de l'hiver; ce qui est cause que quantité d'arbres périssent desséchés par la chaleur. Comme ces chenilles ne se montrent pas tous les ans, il est à croire qu'il y a moins de mouches brillantes, les années où elles manquent.

Plusieurs autres insectes peuvent acquérir accidentellement cette qualité phosphorique. La première dissertation des mélanges de physique, de botanique & d'économie de M. Gleditsch, docteur en médecine, imprimés à Halle en 1767, est la description d'une espèce de météore singulier, qui ressembloit à une petite aurore boréale, & qui n'étoit pourtant occasionné que par de nombreux essains de fourmis volantes, qui rendoient assez de lumière pour produire cet effet. On ne put pas les examiner d'assez près pour découvrir la cause qui les rendoit si lumineuses.

Mais les plus éclatans de tous les phosphores vivans se trouvent en Amérique. Les plus connus de tous sont l'acudia, le cucuju, ou cocojus, & le porte-lanterne, que l'on croit être le même insecte, qui a différens noms, & n'est pas de la même grosseur dans les différentes contrées où on le trouve. Tous ces insectes sont du genre des scarabées. L'acudia à environ deux pouces de longueur, il est de la grosseur du petit doigt, & si lumineux que lorsqu'il vole pendant la nuit, il répand une clarté qui se porte assez loin. Herrera, dans son histoire naturelle des Indes, dit que ce petit animal a deux étoiles près des yeux & deux autres sous les ailes, d'où part la lumière qu'il répand. Cette lumière est produite & entretenue par une liqueur brillante, dont ces étoiles sont remplies ; car si on se frotte le visage ou les mains avec la substance humide qui est autour de ces étoiles, ces parties paroissent ardentes, & restent dans cet

I vj

état jusqu'à ce que la liqueur soit desséchée ; ce qui annonce qu'elle est de même qualité que celle des insectes phosphoriques de l'Europe. Une autre conformité encore entre l'acudia & le ver luisant, c'est que l'un & l'autre ne brillent que pendant la nuit ; que leur lumière s'affoiblit quand ils sont malades, & cesse totalement quand ils sont morts. Mais ils diffèrent en ce que la matière lumineuse des insectes brillans de l'Europe est contenue dans la partie postérieure de leur corps, au lieu que ceux de l'Amérique brillent par la partie antérieure du corps & par la tête. On voit dans la collection des insectes du Jardin du Roi, deux porte-lanternes de la plus grande taille. Ils ont quatre pouces dans toute leur longueur, si on regarde la lanterne, ou la partie d'où sort la lumière, comme étant de leur corps. Elle a un pouce de longueur, placée en avant de la tête, & plus large que la tête même. La position de la matière phosphorique, & celle des yeux de l'animal, qui sont à côté de la lanterne, à l'extrémité du corps qu'elle couvre, fait douter qu'elle puisse éclairer l'animal pendant qu'il vole, à en juger au moins par notre manière de voir; car une flamme qui seroit plus étendue que notre front, & qui nous couvriroit en quelque sorte les yeux, nous empêcheroit certainement de voir les objets qui seroient au-delà.

L'acudia, avant l'arrivée des Espagnols en Amérique, tenoit lieu de chandelle aux Indiens. Un seul de ces insectes servoit pour éclairer une chambre de manière à y faire tout le service nécessaire. Marie Sybille Mérian, qui s'est rendue célèbre dans le dernier siècle par son habileté à peindre les fleurs & les insectes, & même par ses connoissances dans l'histoire naturelle des insectes, assûre qu'un porte-lanterne l'a suffisamment éclairée, à Surinam, pour peindre la plupart des figures qui sont gravées dans son ouvrage sur les insectes & les plantes de ce pays (*a*).

(*a*) Plus d'un siècle avant, du Bartas avoit donné à cet insecte lumineux un rang parmi les oiseaux ; au cinquième jour de sa première semaine, où il en parle ainsi :

Déja l'ardent cucuyes ès Espagnes nouvelles
Porte deus feus au front , & deus feus sous les
    ailes.
L'aiguille du brodeur au rais de ces flambeaus
Souvent d'un lit royal chamarre les rideaus :
Aux rais de ces brandons , durant la nuit plus
    noire ,
L'ingénieus tourneur polit en rond l'yvoire ;
A ces rais l'usurier reconte son trésor ;
A ces rais l'écrivain conduit sa plume d'or.

Voici la description que l'on trouve de cet insecte dans l'histoire naturelle & morale des isles Antilles. (*L . 1. c. 14. art. 1. in-4°. Roterdam 1658.*) La mouche lumineuse appellée *cucuyos* par quelques sauvages , & *coyouyou* par les Caraïbes, n'est point recommandable par sa beauté , ou sa figure qui n'a rien d'extraordinaire , mais seulement par sa qualité lumineuse. Elle est de couleur brune , & de la grosseur d'un hanneton. Elle a les ailes fortes &

Les Indiens s'en servent toujours
aux mêmes usages; & lorsqu'ils

---

dures, sous lesquelles sont deux ailerons
fort déliés, qui ne paroissent que quand
elle vole, & c'est aussi pour lors que l'on
remarque qu'elle a sous ces ailerons une
clarté pareille à celle d'une chandelle qui
illumine toute la circonférence : outre
qu'elle a aussi ses deux yeux si lumineux,
qu'il n'y a point de ténèbres par-tout où
elle vole pendant la nuit, qui est aussi le
vrai tems qu'elle se montre en tout son
lustre. Elle ne fait nul bruit en volant, &
ne vit que de fleurs qu'elle va cueillir sur
les arbres. Si on la serre entre les doigts,
elle est si polie & si glissante, qu'avec les
petits efforts qu'elle fait pour se mettre en
liberté, elle échappe insensiblement & se
fait ouverture. Si on la tient captive, elle
resserre toute la lumière qu'elle a sous les
ailerons, & n'éclaire que de ses yeux, encore bien foiblement au prix du jour qu'elle
donne étant en liberté. Elle n'a aucun ai-
guillon, ni aucun mordant pour sa dé-
fense. Les Indiens sont bien aises d'en
avoir dans leurs maisons pour les éclairer
au lieu de lampes; & d'elles-mêmes elles
entrent la nuit dans les chambres qui ne
sont pas bien closes. .... Le P. du Tertre
a remarqué que les pauvres prêtres qui

marchent de nuit, ils en attachent
un à chaque pied, en portent un à
la main, & la lumière réunie de
ces phosphores vivans, suffit pour
les conduire dans les ténèbres les
plus obscures, & leur faire distinguer de fort loin les *utias*, espèce
de petits lapins, à la chasse desquels
ils ne vont que la nuit. Ces insectes,
après avoir été pris, ne vivent que
quinze jours dans tout leur éclat;
après ce tems leur lumière commence à s'affoiblir, & ils meurent
au bout de trois semaines au plus.

La manière de les prendre est
singulière. On va dès le grand matin, aux premiers rayons de l'aurore, sur quelque éminence, avec
un tison allumé que l'on tourne
rapidement en rond. L'acudia ou
le cucuju, court aussi-tôt à leur lumière, parce qu'il espère y trouver

n'ont pas de quoi acheter de la chandelle
ou de l'huile, se servent de quelques-unes
de ces mouches pour s'éclairer pendant
qu'ils lisent l'office de matines.

des cousins dont il fait sa nourriture. On l'abat avec des branches
de feuillage, & on l'emporte pour
s'en servir. On le tient enfermé la
journée dans une boîte, la nuit on
le lâche dans la chambre, que l'on
a soin de fermer. Alors cet insecte
utile la parcourt de tous côtés & n'y
laisse aucun cousin, insecte fort incommode par-tout, & particulièrement dans les Indes, où sa piquure
est venimeuse. Ainsi non-seulement
il éclaire ceux qui veillent, mais il
assure encore la tranquillité de ceux
qui dorment (a).

(a) Les relations les plus modernes, s'ac-
cordent avec les anciennes sur les propriétés de ce merveilleux insecte phosphorique. Elles varient seulement dans quelques circonstances de la description qu'elles
en donnent. La dernière que je connoisse
en parle ainsi : la mouche luisante est un
phosphore organisé. Celle de la plus grande
espèce a plus d'un pouce de longueur, la
tête très-grosse, & unie au corps d'une
jointure & d'une conformation particulière;
& c'est par le moyen de cette jointure

On dit que quelques Indiens ex-
priment la liqueur lumineuse que

---

qu'elle rend un bruit fonore, une explofion fèche & frappante, fur-tout quand
elle eft couchée fur le dos. Cette mouche
à deux antennes, deux ailes & fix jambes. Sous fon ventre eft une tache ronde
qui dans l'obfcurité brille comme une
chandelle. A chaque côté de la tête auprès
des yeux eft un globule éminent, lumineux, auffi d'un tiers plus gros qu'un grain
de fenevi. Ces places lumineufes fcintil-
lent comme des étoiles & donnent une lumière fi forte, que deux ou trois de ces
mouches mifes dans un vafe de verre bien
net, fuffifent pour éclairer au point de
pouvoir lire, pourvu que l'on approche le
livre du vafe. Lorfque la mouche eft morte,
ce phofphore eft moins brillant, mais il
refte encore lumineux, de manière qu'en le
broyant, la poudre en eft tout auffi luifante
que le phofphore urineux. Ces mouches font
de la couleur des châtaignes; pendant le
jour elles habitent dans le creux des arbres; & la nuit elles brillent dans l'air.

Les mouches luifantes de la feconde
efpèce, font moitié moins grandes que
celles de la première. La lumière qu'elles
donnent part de deffous leurs ailes, en-
forte qu'elles ne brillent qu'au moment
où elles volent, & lorfqu'elles déploient

ces insectes ont à côté des yeux & sous les ailes, qu'ils s'en frottent le visage & la poitrine dans leurs fêtes nocturnes, pour se donner un air plus singulier & plus remarquable, & sans doute pour paroître plus terribles : car leur goût, même dans leurs divertissemens, est de se présenter sous un aspect formidable.

On trouve à Cayenne un insecte phosphorique connu sous le nom de *maréchal*, qui a beaucoup de ressemblance avec l'acudia dont nous venons de parler. Il est du genre des scarabées sauteurs, communs dans

leurs ailes ; pendant la nuit l'air est rempli de ces mouches. On n'en voit point pendant le jour. Elles sont très-communes dans l'Amérique méridionale & septentrionale pendant l'été. *Essai sur l'histoire naturelle de la Guyanne. Londres 1769.* On peut regarder les grandes mouches comme un phosphore vivant de la première espèce. Les plus petites me paroissent avoir beaucoup de rapport avec les *lusciole* d'Italie.

ce pays, & que l'on déſigne ſous
le nom d'*élater*, mais il eſt beaucoup plus grand. Il a ordinairement
dix-huit lignes de long : ſa tête eſt
plus large que longue , ſes yeux
gros & noirs, & ſes antennes aſſez
courtes. Le corcelet eſt aſſez grand
& ſe termine par trois pointes,
dont celle du milieu plus grande
que les autres, lui donne le reſſort
qui lui permet de ſauter. C'eſt de
deux endroits du corcelet placés à
droite & à gauche que part la lumière qui le fait remarquer; le
corps a environ onze lignes, & eſt
compoſé d'anneaux; la couleur de
l'inſecte eſt caffé tirant ſur le ca-
nelle. Il a ſix pattes , dont deux
tiennent au corcelet, les autres au
corps. Les ailes ſont membraneuſes
& recouvertes, comme dans tous
les ſcarabées par deux eſpeces de
fourreaux durs qu'on nomme *élitres*.
La lumière que donnent les deux
lanternes de l'animal eſt très-vive,
elle a une légère teinte de vert qui
la fait reſſembler à la plus belle

émeraude. Il fort auffi quelquefois
de la lumière de la féparation du
corcelet & du ventre. Il y a apparence que lorfque l'animal vole, &
que les élitres font levées, il fort
de la lumière entre les anneaux
du corps.

L'infecte lumineux dont il eft
queftion ici a été trouvé au fauxbourg
faint Antoine de Paris. Deux femmes virent une lumière affez vive,
qui, après avoir filé quelque tems
en l'air, defcendit & fe pofa fur
une fenêtre. Comme cette lumière
duroit toujours fans s'affoiblir on y
fit attention, on ouvrit la fenêtre,
& on trouva que cette lumière,
dont les yeux avoient peine à fou-
tenir l'éclat, partoit de l'infecte
vivant dont nous venons de donner
la defcription.

On ne fera pas étonné qu'un infecte originaire de la zone torride,
ait pu fe transporter jufque dans
nos climats, fi l'on fe rappelle que
les fcarabées ne font infectes volans
que pendant un affez petite partie

de leur vie, & qu'avant de prendre cette forme, ils restent long-tems sous la forme de vers : celui-ci en particulier s'y nourrit en cet état du bois qu'il ronge, & dans lequel il se creuse une retraite. C'est sans doute dans cet état que l'insecte en question a dû faire la traversée, enfermé dans quelque pièce de bois de Cayenne, & dans une saison favorable : il avoit subi la métamorphose avant l'hiver, & il a dû vivre sous la forme de scarabée au moins trente jours. Il fut trouvé au mois de septembre 1766, par un tems assez doux (a).

Ces sortes d'insectes sont fort communs dans toute l'Amérique; le jour du départ de la frégate l'Aigle, commandée par M. de Bougainville, le 14 décembre 1767, de Buenos-Ayres, on apperçut le soir le long des haubans, des

______

(a) V. *les mém. de l'acad. royale des sciences, an.* 1766.

driſſes & des autres cordages, une
quantité de petites lumières mou-
vantes, que l'on prit avec raiſon
pour des mouches lumineuſes,
quoique l'on n'en eût vu aucune
juſqu'à ce jour. Sans doute que c'é-
toit alors le tems de leur métamor-
phoſe, le mois de décembre dans
les latitudes auſtrales répondant à
notre mois de juin. Ces mouches
ou ſcarabées ont quatre ailes, deux
tranſparentes, ſemblables à celles
des mouches ordinaires, & deux
opaques, liſſes, brunes & ſolides
qui ſert d'étui aux premières. Leur
tête eſt noire en forme de trefle,
ornée de deux antennes noires, longues de quatre lignes, auprès deſquelles ſont placés deux yeux noirs,
ronds, ſolides comme de la corne,
luiſans & ſaillans, gros comme des
grains de pavots. Le corps & les ſix
jambes ſont d'un brun noirâtre. On
diſtingue ſix anneaux qui diminuent
de grandeur, depuis le corcelet juſqu'à l'extrémité du corps, terminé
en pointe arrondie. De cette partie

& de la tête partent des rayons d'une lumière semblable à celle des vers luisans ; ces mouches ont dans leur totalité quatre lignes de large, & onze & demie de long, y compris le chaperon qui leur couvre la tête. On voit également à Monté-video, sur la rivière de la Plata, & à une latitude encore plus avancée au sud, de ces insectes lumineux dont le corps est composé d'anneaux, comme celui des premiers, mais plus souple, & plus semblable à celui de nos vers luisans, ils rendent de même la lumière par la partie postérieure de leur corps. Les autres en rendent davantage de la tête, & ressemblent plus aux phosphores scarabées de Surinam & de Cayenne. La lumière des uns & des autres est assez éclatante, pour pouvoir lire de l'écriture fort fine dans les ténèbres les plus obscures (a).

____

(a) *Hist. d'un voyage aux isles Malouines, tom. 1. pag. 186. Paris 1770.*

§. IX.

§. IX.

Autres phosphores naturels.

Les animaux en putréfaction, les poissons de mer sur-tout, & certains bois, sont encore des phosphores naturels. Sur quoi il faut d'abord observer, que ces corps ne rendent plus aucune lumière dès que la putréfaction est consommée, mais seulement tant que le mouvement qui l'occasionne se soutient. Elle agit peu-à-peu, & successivement sur les corps, & ne doit être regardée que comme l'effet de l'action d'un air très-subtil qui contribue à leur dissolution, en séparant leurs parties. Les molécules intégrantes de ce fluide, quoique très-ténues & tout-à-fait insensibles, ont cependant une activité & une force réelle, que l'on ne peut rapporter qu'à leur élasticité. Elles s'insinuent dans les pores des différens

Tome IX. K

corps, & par leur action soutenue, elles en détachent les parties les plus mobiles, & les moins unies avec les autres, telles que les sels & les huiles, ou elles les exaltent par leur mouvement, ou elles les entraînent avec elles, & changent tellement la texture des corps mixtes sur lesquels elles agissent, qu'ils prennent des qualités toutes contraires à celles qu'ils avoient dans leur état primitif. On ne peut pas douter que ce ne soit l'air, qui est le principe le plus actif de putréfaction, puisque la plupart des corps, qui ne sont pas exposés à son action immédiate, s'en garantissent si long-tems, qu'ils en paroissent exempts. On en conserve beaucoup, en les plongeant dans l'huile, en les couvrant de vernis ou de quelqu'autre substance grasse & glutineuse qui intercepte la communication de l'air.

L'humidité & la chaleur propres à chaque corps, font, avec l'air, des causes secondaires de putréfaction. La chaleur sur-tout en raréfiant l'air, le rend plus actif & plus pénétrant. L'air condensé à son tour par l'humidité naturelle au corps en putréfaction, en faisant effort pour se raréfier & reprendre son ressort, agit plus fortement sur le corps mixte, & en accélère beaucoup la dissolution. Il en pénètre les parties, & les divise, il en enlève les sels & les soufres dont il se charge & qu'il emporte souvent au loin. De-là les odeurs fortes répandues dans la partie de l'atmosphère voisine des corps en putréfaction, qui deviennent d'autant plus insupportables que l'on s'en approche davantage, parce qu'alors l'air est impregné d'une plus grande quantité de ces corps qui se dissolvent.

On doit dire la même chose des bois blancs, & de quelques végétaux qui deviennent lumineux, lorsqu'ils se pourrissent, que des substances animales phosphoriques; & l'on doit observer que ces corps ne rendent plus aucune lumiere, lorſque la putréfaction eſt conſommée ; ils ne luiſent, qu'autant que le mouvement qui en eſt la cauſe, ſe ſoutient : auſſi en les examinant avec attention, on voit toutes leurs parties dans une agitation tumultueuſe.

Si on fait quelques réflexions ſur les matières dont ſont tirés les phoſphores les plus lumineux, on ne doutera pas que les exhalaiſons ſulfureuſes qui probablement ſervent d'enveloppe à la matière éthérée, ou au fluide électrique, ne ſoient fort abondantes dans les ſubſtances animales. Le phoſphore que le chymiſte Brandius a tiré de l'urine, brille comme un eſcarboucle. Si on le met dans une bouteille hermétiquement fermée & dans l'eau, il s'y conſerve long-tems ſans s'altérer. Mais ſi l'air prend un certain degré de chaleur, quoiqu'il reſte dans l'eau, il devient brillant dans les ténèbres, & à meſure que la chaleur augmente, on voit toutes les parties du phosphore se mettre en mouvement, & enfin il se raréfie au point de s'enflammer.

Le célèbre Homberg tira des excrémens humains, un phosphore très-lumineux, en y cherchant, dit-on, la poudre de projection pour le grand œuvre. Ce phosphore réduit en poussière noire & impalpable, exposé à l'air, s'enflamme en deux ou trois minutes, au point de mettre le feu à toutes les matières combustibles sur lesquelles on le répand. Ce qui rend ces phosphores si actifs, c'est que les alimens les plus communs des hommes, au moins en Europe, contiennent dans leur substance, des esprits très-inflammables. C'est de l'orge, du froment & du seigle, que l'on tire ce phosphore que les charlatans italiens vendent sur les places publiques, dans de petites bouteilles, pour allumer la mèche, disent-ils. Les particules sulfureuses de ce phosphore sont enveloppées d'une matière si légère, si mince, que la seule impression de l'air, quel que soit sa température, suffit pour développer tout de suite le feu qu'il renferme.

Ces phosphores, dont on ne doit la connoissance & le développement qu'aux longues opérations de la chymie, sont donc très-réellement renfermés dans le corps des animaux, dont ils s'exhalent continuellement par la transpiration, les sueurs, & les déjections. Ne peut-on pas attribuer à ces exhalaisons, & à celles qui sortent de tant d'autres corps phosphoriques, dont la plupart nous sont encore inconnus, cette lumière invisible, ce feu électrique répandu dans l'air, & qui, dans les ténèbres les plus épaisses, relativement à notre faculté de voir, servent à éclairer & à conduire les chats, les souris, les chouettes, les chauve - souris, & tous les autres animaux nocturnes qui vivent sur terre & dans l'air à différentes hauteurs, de même qu'u ne quantité prodigieuse d'insectes?

cette propriété ne leur vient-elle
pas aussi de la conformation particulière de leurs yeux ? Leur pu-
pille pendant la nuit se dilate singulièrement : d'ovale & d'étroite
qu'elle étoit pendant le jour, elle
devient la nuit large & ronde. Elle
reçoit alors tous les rayons lumineux qui subsistent encore, ou peut-
être est-elle assez fortement imbi-
bée de la lumière du jour, pour
qu'elle serve à les éclairer pendant
la nuit. Ce qu'il y a de certain,
c'est que les yeux des chats, des
chouettes, des hiboux, rendent
une telle lumière dans l'obscurité,
qu'ils paroissent flamboyans.

Il faut observer encore que tous
les phosphores naturels dont nous
venons de parler, quelque lumineux qu'ils soient, ont ceci de particulier qu'ils ne luisent pas toujours, & qu'ils n'impriment aucune chaleur, quelque vive que
paroisse leur flamme, ce qui peut
servir à prouver que le feu subtil
élémentaire répandu par-tout, &

K iv

le principe de tout mouvement,
n'a par lui-même aucune chaleur.
On peut donc dire, avec quelque
probabilité, que les phosphores,
soit naturels, soit artificiels, rendent des exhalaisons en plus grande
ou en moindre quantité, propres à
exciter un développement lumineux dans l'air; de sorte que les
particules phosphoriques, dont la
matière est fortement agitée ou brisée, sont ces étincelles mêmes qui
brillent, ou sont des agens maté-
riels qui déterminent le fluide éthérée, qui nage dans l'air dont elles
sont enveloppées, à reprendre son
mouvement naturel, dont l'effet
est d'être lumineux : ou ces deux
effets ont lieu en même-tems, c'est-
à-dire que le fluide subtil contenu
dans la matière phosphorique se
développe, tandis que les parties
les plus grossières se dilatent, agissent sur l'air ambiant, & en font
sortir la lumière. La vertu lumineuse de tous les phosphores, ne
doit donc être attribuée qu'au dé-

veloppement du feu, redoublé par les particules sulfureuses mises en action, & qui sont plus abondantes dans les substances animales, que dans aucune autre.

Des observations plus suivies, si elles étoient toujours possibles, nous apprendroient en quelle quantité les exhalaisons ignées & lumineuses sortent du corps des animaux, même dans leur état le plus tranquille. Un lièvre au gîte est reconnu de loin par une fumée rougeâtre & lumineuse qui s'élève à quelques pieds au-dessus de lui, & qu'il est très-facile de distinguer le matin, lorsque la région inférieure de l'atmosphère est encore condensée par la fraîcheur de la nuit. Je ne cite que cet exemple, parce que j'en ai été témoin plusieurs fois : mais le même fait n'a-t-il pas lieu par rapport à la plus grande partie des animaux ? Que l'on y joigne les exhalaisons phosphoriques qui sortent des végétaux, du sein de la terre & de celui des eaux, qui, à raiſon de leur grande ténuité vont toujours en s'élevant, & on y trouvera la matière de la plupart des météores.

Les exhalaiſons bitumineuſes qui s'élèvent de la ſurface de la mer, celles qui ſortent des corps phoſphoriques & qui ne ſont pas moins volatiles, raſſemblent & réuniſſent d'autres exhalaiſons terreſtres très-raréfiées, parmi leſquelles on doit regarder les vapeurs ſulfureuſes où le feu électrique eſt renfermé, comme celles qui donnent le plus de mouvement à l'air, & qui produiſent ces éclairs brillans & redoublés, qui ſouvent durent ſi long-tems, & qui ſont le plus magnifique de tous les phoſphores naturels. Les plus denſes de ces vapeurs reſtent dans la région où ſe forment les éclairs, les plus rares s'élèvent davantage, & s'uniſſant aux ſoufres les plus ſubtiliſés, ſe raſſemblent dans la plus haute région de l'air, juſqu'à ce que les nitres les plus exaltés venant à agir fur elles, leurs donnent un plus grand mouvement, & les déterminent à s'embraſer. De-là naiſſent ces grands météores aëriens, ces aurores boréales qui occupent quelquefois la plus grande partie de l'hémiſphère. C'eſt ainſi qu'en rapprochant les idées & les obſervations, on parvient à connoître la génération des différens météores ignées, qui tous ont une matière & une origine communes.

Quantité d'autres matières, peſantes, froides & compactes de leur nature, ſont propres à devenir phoſphoriques, les unes après avoir ſubi une forte calcination, les autres ſans changer d'état, n'ayant beſoin que d'un mouvement & d'une chaleur momentanés. La pierre de Boulogne en Italie, une autre pierre à-peu-près ſemblable que l'on trouve dans le voiſinage de Berne, préparées par la calcination, c'eſt-à-dire après qu'on a donné aux particules ſulfureuſes qu'elles contiennent, plus de facilité à ſe dévelop-

K vj

per par l'action de l'air, se conservent enfermées dans des boîtes, &
enveloppées de coton. Si on les
tire de là, & qu'on les mette à
découvert dans un lieu obscur, elles
paroissent pénétrées d'une flamme bleuâtre assez lumineuse, &
tant qu'elles sont phosphoriques,
elles ont une odeur de soufre, qui
cesse dès qu'elles ne rendent plus
de lumière. Elles n'ont jamais plus
d'éclat que peu après qu'elles sont
sorties du creuset, où on les a tra-
vaillées. Cette apparence de lumière, & cette odeur marquée, ne
sont produites que par les particules sulfureuses & ignées que contiennent ces pierres. On doit attribuer aux mêmes causes les effets
phosphoriques de la fausse émeraude d'Auvergne, des jaspes d'occident, des jacinthes & de quelques
rubis. Dans ces sortes de pierres
assez dures, mais transparentes, les
soufres ne se développent que très-
lentement, & en si petite quantité,
qu'ils ne produisent que quelque

lumière sans apparence de flammes. La couleur de ces pierres leur vient d'effluences sulfureuses qui les pénètrent, les teignent, & s'en détachent par petites étincelles qui ressemblent à des éclairs légers, après qu'on les a échauffées en les frottant. Le diamant a aussi cette propriété phosphorique : on la met en action, soit en le frottant contre un verre dans les ténèbres, soit en l'exposant quelque tems aux rayons du soleil, en le faisant chauffer dans un creuset, ou en le plongeant dans l'eau chauffée au moyen degré d'ébulition. Si on frotte un morceau d'ambre, il en sort une petite aigrette lumineuse qui frappe le doigt, & qui en retournant du doigt à l'ambre, se divise sur sa surface, & s'éparpille en petits rayons, qui semblent pénétrer de nouveau dans l'ambre par ses pores insensibles. Dans ces phosphores comme dans tous les autres, l'effet de lumière est produit par le développement des particules sulfureuses, ou d'un phlogistique très-atténué, qui tantôt brille dans le corps même où il s'enflamme, tantôt s'en échappe emporté par le fluide subtil qui se porte de l'air dans tous les corps, & de ces corps dans l'air. C'est ainsi que la matière phosphorique ou inflammable ne fait que circuler dans toute la masse de la matière, sous quelque forme qu'on la conçoive; les procédés de l'art la rassemblent dans quelque corps, préférablement à d'autres; de même que la nature nous la présente réunie, dans diverses de ses productions; mais elle se trouve par-tout; nous allons en ajouter de nouvelles preuves, à celles que nous avons déja données.

§. X.

*Phosphores de la mer, & in-
fectes, causes de la lumière
que rendent ses eaux dans
quelques parages.*

La mer a ses phosphores aussi
bien que la terre & l'air. Nous ne
prétendons pas indiquer ici, ces
petits météores, ces feux légers &
volatils qui s'attachent aux mats &
aux vergues à la fin des tempêtes,
& dont nous avons parlé plus haut.
On voit souvent, entre les tropiques, des feux sortir de la surface
de la mer lorsqu'elle est un peu
grosse, & que les vagues se brisent;
elle est alors, pendant toute la nuit,
couverte d'étincelles lumineuses.
On remarque aussi une grande lueur
à l'arrière des vaisseaux, particulièrement lorsqu'ils vont vîte. Leur
trace paroît un fleuve de lumière,
& si l'on jette quelque corps pesant

dans la mer, l'eau en rejaillissant
est toute brillante. La cause de
cette lueur est dans la nature même
de l'eau de la mer, qui étant remplie de sels, de nitres, & sur-tout
de cette matière dont les chymistes
font la base de leurs phosphores,
toujours prête à s'enflammer lorsqu'elle est agitée, doit aussi, par la
même raison, devenir brillante &
lumineuse. Il faut si peu de mouvement à l'eau marine pour en faire
sortir du feu, qu'en maniant une ligne qu'on y a trempée, il en sort
une infinité d'étincelles, semblables à la lueur des vers luisans, c'est-
à-dire vive & bleuâtre.

Ce n'est pas seulement dans l'agi-
ration de la mer que l'on y voit ces
petits phénomènes lumineux, le
calme même les offre vers la ligne
après le coucher du soleil. On les
prendroit pour une infinité de petits
éclairs assez foibles qui sortent de
l'eau, & disparoissent aussi-tôt. On
n'en peut attribuer la cause qu'à la
chaleur du soleil, qui a rempli &

comme impregné la mer pendant le
jour d'une infinité d'esprits ignées
& lumineux. Ces esprits se réunis-
sant le soir, sortent d'un état violent, & s'échappent à la faveur de
la nuit; quelquefois avec un éclat
effrayant pour les navigateurs. Le
12 février 1605, vers le septième
degré de latitude méridionale, les
gens d'un vaisseau qui tenoit ces
mers, furent tout-d'un-coup effrayés par un étrange phénomène.
La mer jetta des flammes si vives
au milieu de la nuit, après que la
lune eut quitté l'horison, que la
lumière ne le cédant guère à celle
du jour, on lisoit facilement les
plus petits caractères d'impression.
La flotte passa le 13 au matin à la
vue de l'isle, ou plutôt du roc de
l'Ascension, au huitième degré
trente-deux minutes du sud. Fré-
zier observa qu'aux environs des
isles de Chaon, Branca & Sainte
Lucie, la mer est brillante & comme enflammée pendant la nuit,
jusqu'à jetter des espèces d'étin-

celles pour peu qu'elle soit agitée par le mouvement des poissons, ou par celui d'un vaisseau. (*V. l'hist. générale des voyages*, tom. 3.)

Outre ces brillans passagers, il en vient d'autres pendant les calmes, qui paroissent moins faciles à expliquer. On peut les nommer permanens, parce qu'ils ne se dissipent pas comme les premiers. » On en distingua de différentes grandeurs & de diverses figures, des ronds, des ovales, de plus d'un pied & demi de diamètre, qui passoient le long du navire & qu'on pouvoit conduire à plus de deux cens pas. Quelques-uns les prirent simplement pour de la glaise, ou quelque matière onctueuse qui se forme dans la mer d'une substance inconnue, d'autres pour des poissons endormis, qui brillent naturellement : on crut même y reconnoître deux fois la figure du brochet. » On voit que cette observation du P. Tachard a été faite avec exactitude : il avoit bien observé tous les phénomènes

dont il parle, il en explique la caufe, qu'il ne connoiffoit cependant
pas encore, mais que des expériences poftérieures ont dévelop-
pées, & qui nous prouvent que les
fubftances animales, font effentiel-
lement phofphoriques, & les premières de toutes qui poffèdent cette
qualité, puifqu'elles la confervent
par-tout, jufque dans le fein des
eaux.

Long-tems après le P. Tachard,
on continua d'obferver ce phénomène, & on vit que dans certains
tems, & dans certaines mers, il
fe produifoit plus facilement des
traits lumineux, même fans que les
eaux fuffent agitées, & que ces
traits confervoient affez long-tems
leur lumière. Vianelli & d'autres
obfervateurs prétendirent que ces
petits corps lumineux étoient des
vers luifans de mer : ils en firent
deffiner & graver la figure. Mais
on ne rapporta pas à cette découverte la caufe générale qui fait
briller les eaux de la mer, lorf-

qu'elles font agitées, d'étincelles de feu. On affura que ces infectes ne pouvoient fervir qu'à rendre raifon, pourquoi la mer eft beaucoup plus lumineufe en certains endroits, comme aux environs des ifles Maldives & de la côte de Malabar.

On fit des expériences fur l'eau de la mer, & on trouva que dans certains tems elle perdoit tout de fuite, après avoir été expofée à un air libre, la propriété de produire des étincelles lumineufes; que dans d'autres endroits elle la confervoit pendant un jour ou deux ; que fi on la mettoit fur le feu fans la faire bouillir, cette propriété fe maintenoit un peu plus long-tems dans des vaiffeaux fermés. On obferva encore que dans certains jours la mer produifoit beaucoup plus d'étincelles qu'à l'ordinaire, & que dans d'autres tems elle en donnoit à peine quelques-unes.

De ce phénomène général, qui peut être obfervé dans toutes les faisons, & vraisemblablement dans tous les pays, on conclut qu'il devoit être attribué à une matière phosphorique qui brûle & se détruit lorsqu'elle donne de la lumière, & qui par conséquent se consume & se régénère continuellement dans la mer. Cette matière qui se porte naturellement à la surface de l'eau, est de telle nature que le contact d'un très-grand nombre de liquides différens entr'eux la fait déflagrer, sans allumer aucune autre particule des substances répandues dans les eaux de la mer, & comme elle ne passe point au travers du filtre, elle n'est que suspendue dans ces eaux, & non mêlée avec elles; dès-lors on ne peut la regarder que comme d'une nature huileuse ou bitumineuse.

On se persuadera encore davantage que la qualité lumineuse des eaux de la mer est attachée à leur bitume, si l'on fait attention à ce que le P. Bourzeis (*lettres édifiantes , tom. 5.*) dit avoir observé dans

quelques endroits de l'océan ; l'eau
étoit ſi onctueuſe qu'en y trempant
un linge, on le retiroit tout gluant,
& qu'en l'agitant rapidement dans
l'eau, il jettoit un très-grand éclat.
Il avoit auſſi remarqué que le vaiſſeau traçoit après lui un ſillon d'autant plus lumineux que cette eau
étoit plus graſſe. Enfin il paroît que
l'eſprit de vin n'eſt ſi propre à ex-
traire la ſubſtance phoſphorique des
eaux de la mer, que parce que l'a-
cide du bitume de ces eaux eſt très-
développé.

C'eſt d'après toutes ces obſervations que l'on a été long-tems à regarder la lumière phoſphorique
que rend la mer agitée, dans certains tems, comme uniquement
produite par les huiles & les bitumes qui nagent à ſa ſurface, qui
ſont plus abondans en certains parages que dans d'autres, & qui ne
s'allument pas indifféremment par
toutes ſortes de tems.

M. l'abbé Conti, dans ſes réflexions ſur l'aurore boréale, a re-

cherché avec attention quelle étoit la cause qui rendoit les eaux de la mer si lumineuses lorsqu'elles sont agitées, sur-tout dans les canaux de Venise, & les lagunes de la mer Adriatique. Dans les tems les plus secs de l'été, lorsque l'eau de ces canaux est frappée & divisée par les rames des gondoliers, en s'élevant en gerbes, elle rend une lumière si éclatante & si vive, que dans certains quartiers de la ville fort resserrés, si obscurs & si ténébreux pendant la nuit que l'on ne peut y distinguer les objets, on lit aisément à cette lumière l'écriture la plus fine. Il n'y a personne qui n'ait été à portée d'en faire l'expérience, si peu qu'il ait passé de tems à Venise, particulièrement sous les ponts, où l'obscurité est encore plus grande que par-tout ailleurs. Si dans la température propre à favoriser l'apparence de ce phénomène, l'eau divisée par la rame est dispersée en l'air, elle paroît toute de feu, & ses ondulations restent lumineuses jusqu'à ce qu'elle soit tout-à-fait tranquille. En quelque sens que la rame frappe l'eau ou qu'elle soit jettée, elle éclate de la même lumière. Il n'est pas même nécessaire d'en être bien près, ni dans la direction de la ligne que suit la lumière en se répandant, pour s'en appercevoir. Il y a plus, c'est que si l'on se trouve sur les quais qui bordent en quelques endroits le grand canal, ou sur le pont de *Rialto*, on voit pendant une nuit obscure, toutes les gondoles suivies d'une trace lumineuse en quelque sens qu'elles voguent, qui ne paroît pas ou qui est très-peu sensible dans les tems humides, mais qui brille de tout son éclat, lorsque l'air est sec & le ciel serein, particulièrement quand le vent du nord domine (a).

Ce phénomène est, comme nous

______

(a) *Riflessioni su l'auróra boreále del signór abbate A. Contì, patrizio veneto, in-4°. Venezia* 1739.

l'avons

l'avons remarqué, commun à toutes
les mers ; la différence qu'il y a. entre les fillons lumineux que tracent
les grands vaifſeaux ou ceux des
gondoles, c'eſt que les premiers
ſont beaucoup plus éclatans que les
autres, ſans doute à raiſon de la
plus grande quantité de mouvement qu'ils impriment à la maſſe
des eaux.

Où chercher la cauſe de cette
lumière momentanée, ſi ce n'eſt
dans la diſſolution des particules
ſulfureuſes les plus ſubtiles diſperſées dans l'eau, avec les ſalpêtres,
dont ſe ſéparent difficilement les
élémens nitreux qui dominent dans
les ſoufres. Dans toutes les métho-
des connues d'adoucir l'eau de la
mer, la difficulté a toujours été de
réuſſir à modérer l'âcreté de ſes
ſels, & à la dépouiller de cette
ſubſtance bitumineuſe qui la rend
ſi viſqueuſe, & qui unit ſi intimement toutes ſes parties. Les
pluies qui tombent à Veniſe, bien
que fort épurées dans la ſublima-

Tome IX. L

tion que leur matière éprouve dans
l'air, & formée souvent d'autres
vapeurs que celles qui s'élèvent des
lagunes, conservent une certaine
qualité ténace & huileuse, que l'on
reconnoît dans l'eau des citernes,
qui n'est pas filtrée par une assez
grande épaisseur de sables : qualité
qu'elles peuvent avoir d'elles-mêmes, mais aussi qu'elles peuvent
contracter en traversant la région
inférieure de l'air, & qui peut être
communiquée aux citernes mêmes
par les vapeurs insensibles qui sortent des lagunes, & circulent sans
cesse dans l'atmosphère de Venise.

La naphte dont on croit que les
anciens se servoient pour éclairer les
places publiques de Babilone, étoit,
selon Boerhaave, si atténuée & si
volatile, qu'elle approchoit beaucoup de la subtilité de l'alkool. Quoiqu'il en soit, la matière bitumineuse qui s'allume dans l'eau de la
mer, ne peut que lui ressembler
beaucoup, au moins elle brille d'un
feu aussi vif & aussi subtil, dont la

couleur azurée eſt mêlée de quelques teintes d'un jaune doré, &
elle eſt auſſi intimement unie à
l'eau , que dans l'expérience de
Boerhaave l'alkool le plus pur l'eſt
à l'eau de la mer. C'eſt ſans doute
ce bitume, qui circulant par les
fibres les plus délicates des plantes
marines , les nourrit & les fait vé-
géter. Il eſt répandu dans toutes
les parties intégrantes de l'eau, &
ce peut être ſa chaleur développée
par le fluide ſubtil qui tient ſes
parties ſéparées les unes des autres
& diviſées, juſque dans les plus
grandes profondeurs de la mer. Mais,
toujours, pour que le phénomène
dont nous parlons ſoit viſible, il
faut que l'air extérieur ſoit très-ſec,
tel qu'il eſt en certains jours d'été,
ou dans les gelées de l'hiver, par
le vent de nord-eſt, lorſque le ciel
eſt ſerein depuis quelque tems:
autrement l'humidité répandue
dans l'atmoſphère, arrête la propagation de cette lumière ſi légère,
que l'air humide l'éteint auſſi

promptement que l'eau, lorſqu'elle s'y développe.

On n'a pas encore déterminé exactement à quelle hauteur cette matière lumineuſe ſe porte dans l'air, ſoit que l'on jette de grandes pierres dans l'eau, ſoit qu'on la frappe vivement avec les rames. Ce que l'on obſerve ſouvent à Veniſe, c'eſt que lorſque les gondoliers arrêtent leurs gondoles, & forcent tout-d'un-coup le flot à ſe replier ſur lui-même, l'eau s'échappe, rejaillit en écumant entre la gondole & les quais, & ſes parties diviſées, qui vont ſe porter contre les maiſons, le revêtiſſement des quais, ou les portes, les couvrent d'une lumière argentée. Dans les canaux qui ſont devenus marécageux, lorſque les exhalaiſons ſulfureuſes s'enflamment, elles s'en ſéparent au mouvement que ces canaux reçoivent des eaux voiſines; & on les voit s'attacher le long des bois qui y ſont plantés, où leur éclat les fait remarquer; ce peut

être dans quelques circonstances de
ces insectes phosphoriques si multipliés dans les eaux de la mer, &
dont nous parlerons dans peu ; mais
ce peut être aussi cette même matière que, dans l'agitation des tempêtes, l'eau jette toute enflammée
sur le tillac des vaisseaux, sur les
mats & les cordages, où on la voit
reluire ; comme nous l'avons dit
plus haut en parlant du feu saint-
Elme, & d'autres de cette espèce.

On conçoit qu'en fixant à-peu-
près la hauteur à laquelle on observe ces feux, soit dans les lagunes
de Venise, soit autour des vaisseaux, on ne prétend pas déterminer celle à laquelle ils peuvent aller
dans un air libre, lorsque les suites
de l'évaporation, se portent aux
régions les plus hautes de l'atmosphère. Mais ce qui résulte de ces
observations, c'est que la matière
de la plupart de ces feux réside dans
l'eau de la mer, d'où un mouvement extraordinaire & forcé la
développe, & la modifie de façon

L iij

à produire des petits phénomènes lumineux que l'on peut placer au rang des météores. On observa au mois d'août 1713, sur les côtes de l'isle d'Andros dans l'Archipel, que le mouvement des cables d'un vaisseau sur les eaux de la mer, étoit suivi d'espace en espace de l'apparence d'un phosphore léger & brillant qui paroissoit au dessus des flots. L'observateur en compare, avec raison, la matière à celle du feu saint-Elme, ou de ces exhalaisons légères que l'on voit s'enflammer dans l'air pendant les belles nuits d'été. L'air étoit alors fort serein, & le vent de nord-est très-violent (a).

(a) Cette observation est tirée d'une lettre écrite à M. l'abbé Conti, par M. Stratico, sergent major de bataille au service de la republique de Venise. *Ritrovando mi alle sponde dell' isola d'Andro nell' Arcipelago l'anno 1713, in Agosto, e soffiando violentissimo vento di tramontana, vidi nella notte un certo lume*

Il paroît donc incontestable que l'agitation des eaux de la mer produit la plupart de ces feux légers que l'on voit briller à sa surface. Des observations plus récentes attribuent leur apparence à un petit insecte phosphorique, qui peut contribuer à la formation de ce phénomène en quelques circonstances ; mais qui probablement n'en est pas la seule cause, & dont la découverte ne doit rien changer à la vérité de la théorie que nous venons d'établir.

M. l'abbé Nollet voyoit fréquem-

---

uscire di tratto in tratto dall' agitazione dell' onde, e particolarmente là dove venivano verberate dalle corde, o sian gomene del vaßello, in maniera che pareva vedere vapori accesi serpeggiare sopra l'acque. Un tal fosforo o splendore riputai che fosse della stessa materia, che quel lume fatuo che nelle boraßche comparisce tal volta sopra l'antenne de' baßimenti, e che da' marinari vien chiamato fuoco di S. Ermo, o simile a quell' altro vapore acceso, che nella più estiva stagione, e nelle calme di mare si vede cadere dall' alto.

L iv

ment, pendant son séjour à Venise, l'eau des lagunes parsemée d'étincelles très-brillantes, sur-tout aux environs des maisons, où l'eau agitée par le mouvement des gondoles alloit se briser. Souvent les rames de ces petits bâtimens faisoient naître de longs traits de feu. Après bien des observations, cet habile physicien découvrit que cette lumière étoit produite par un petit insecte d'une consistance très-molle, jaune, formée de différens anneaux comme les vers luisans de terre, avec deux petites nageoires, & deux petits filets qui lui servoient de queue. Le tout vu à la loupe paroissoit un peu moins gros qu'un grain de seigle. Depuis il revit les mêmes insectes lumineux à *Portofino*, sur la côte de Gènes : il les considéra dans le bassin même, il observa tous leurs mouvemens, qui lui parurent parfaitement spontanées, tels que sont ceux des animaux, & nullement semblables à ceux d'une simple matière phosphorique inanimée. Cet insecte, comme ceux dont nous avons parlé plus haut, luit par élancemens, & sur-tout lorsqu'on le touche & qu'on le remue : il s'attache volontiers aux herbes & à la mousse : (*V. les mém. de l'acad. des sciences, an. 1750. hist. pag. 7.*)

Comme les différens insectes de mer sont extrêmement multipliés dans les canaux de Venise, il est à croire que ceux-ci y sont encore plus abondans que les autres, & que se trouvant exposés aux coups de rames des gondoliers, ils doivent, par le mouvement qu'ils en reçoivent, décrire de longs traits de lumière, que l'on remarque effectivement dans cette circonstance. La satisfaction d'avoir fait une nouvelle découverte, qui cependant avoit été annoncée long-tems auparavant, mais peu suivie, ne permit pas à M. l'abbé Nollet de douter qu'il n'eût trouvé la cause jusqu'alors incertaine de ces points lumineux, & de ces traînées de feu

que l'on avoit observés à la mer
depuis si long-tems.

Des observations postérieures à
celles que nous venons de rapporter,
nous donnent des éclaircissemens
encore plus précis sur l'existence
de ces petits insectes phosphoriques, & sur leur forme. On a découvert qu'ils se retiroient dans ces
herbes marines auxquelles on donne
assez communément le nom de
goëmon. Ces herbes mises dans
une chambre sans lumière, paroîs-
sent parsemées d'une infinité d'é-
tincelles très-brillantes : si l'on prend
une des feuilles sur lesquelles on
voit briller une étincelle, en l'examinant avec attention, on la voit
changer de place, & se promener
sur la feuille. Alors elle paroît
comme un point un peu allongé,
gros comme la tête d'une petite
épingle, & ce point paroît prendre
plus de longueur quand l'animal
se dispose à ramper. Ces petits
insectes examinés à la loupe ont
été reconnus pour des scolopendres,

qui brillent comme les animaux terrestres lumineux quand il leur plaît : ils sont les maîtres de rendre leur lumière plus ou moins vive. Quelquefois leur corps n'est que transparent, quelquefois aussi il en sort des jets de lumière, qui forment une étoile & éclairent à quelque distance autour d'eux. Ils brillent par toute la partie postérieure, la tête seule demeure opaque ; & si on les écrase sur du papier, ils y laissent une longue traînée de lumière bleuâtre & transparente. Ils ne luisent qu'autant qu'ils sont dans une humidité nécessaire à leur conservation, & ils périssent en se desséchant. Mais en conservant le goëmon chargé de ses insectes dans l'eau de la mer, & ayant soin de la renouveller, ils conservent long-tems leur lumière. Lorsqu'on agite le goëmon dans l'eau, il en sort des étincelles qui produisent quelquefois une traînée de lumière, un peu bleuâtre, & fort semblable à celle que rendent

L vj

les infectes terreftres lumineux (a).

On ne s'en eft pas tenu à ces obfervations, on a fait de nouvelles expériences, & on a trouvé également dans les eaux de toutes les mers des infectes phofphoriques, des polypes lumineux affez multipliés, pour y produire une multitude de phénomènes ignées, dès qu'ils font mis en mouvement par l'agitation communiquée aux eaux de la mer. M. Rigaut, phyficien de la marine, a développé & mis dans tout fon jour cette particularité de l'hiftoire naturelle que M. l'abbé Nollet n'avoit fait qu'entrevoir. Diverfes expériences lui ont perfuadé que l'eau de la mer ne doit la lumière dont elle brille la nuit, qu'à une multitude immenfe de petits polypes de forme à-péu-près fphérique, prefque auffi tranfparens que l'eau, dont le dia-

(a) *Mém. de l'acad. des fciences, ann. 1767.*

mètre est d'environ un quart de ligne. Ces polypes n'ont qu'un bras long à-peu-près d'un sixième de ligne, qu'ils meuvent fort lentement ainsi que leur corps. Ils deviennent lumineux dès que l'on agite l'eau de la mer, ou que quelque insecte approche d'eux. Comme ils sont d'une extrême petitesse, lorsqu'un grand nombre de ces vers brille en même tems, on est tenté de croire au premier aspect que cette lumière est inhérente & particulière à l'eau de la mer : mais en l'examinant avec soin, on reconnoît bientôt, qu'ils sont les foyers de cette lumière. Ces polypes se tenant à la surface de l'eau ou fort près, pour s'en procurer, il ne faut que puiser l'eau de la mer, au moment qu'elle est éclairée. Pour les bien observer, on remplit de cette eau lumineuse une caraffe ou un ballon de verre blanc & mince, posé sur un plan solide entre le jour d'une fenêtre, ou une bougie & l'œil. Après quelques

minutes, on voit les polypes raf-
semblés à la surface de l'eau ou
contre les parois du verre, d'où il
eft facile de les tirer avec la barbe
d'une plume ou d'un pinceau. Si
on met de cette eau dans un petit
vafe de verre, on compte aifément
les polypes qui s'y trouvent en les
regardant avec une forte loupe. Si
dans l'obfcurité, on y verfe quelques
gouttes de vinaigre, ou fi l'on y
trempe une paille empreinte d'acide vitriolique ou nitreux, on voit
autant de points lumineux qu'on
a compté d'animalcules. Ils s'éteignent au bout d'un inftant, & fe
précipitent au fond du vafe où ils
meurent : l'eau ne rend plus de
lumière alors, de quelque façon
qu'on l'agite.

Les acides minéraux ou végétaux
ont donc la propriété de rendre ces
polypes lumineux, quelques mo-
mens avant que de les faire périr,
ce que l'on ne doit attribuer qu'au
mouvement inteftin que l'acide
communique aux parties de l'eau,

& aux qualités nouvelles qu'il y
répand, absolument contraires à la
vie de ces petits animaux, qui dès
qu'ils en sentent les premières at-
teintes, s'agitent pour se défendre
de ses impressions & deviennent
lumineux. Dans un cuvier d'eau
de mer chargée de ces polypes &
mis à l'obscurité, on verse une
chopine de vinaigre ou un peu d'a-
cide vitriolique, & dès que ces
liqueurs nouvelles agissent sur eux,
ils rendent assez de lumière pour
que l'on puisse lire une écriture fine
sans autre secours. Si l'on fait fil-
trer de cette eau, telle qu'on l'a
tirée de la mer, à travers le papier gris, elle ne rend plus aucune
lumière, quelque mouvement qu'on
lui donne ; mais la loupe fait voir
les polypes engagés dans les pores
du filtre, où ils deviennent lumineux, lorsqu'on passe le doigt dessus. Il y a de ces polypes en toutes saisons, mais ils sont beaucoup
plus nombreux en été & en automne, qu'en hiver ou au prin-

tems; le nombre en est prodigieux, lorsqu'après de grandes sécheresses, le tems se dispose à la pluie ou à l'orage. On en trouve le long des côtes de France depuis l'embouchure de la Garonne jusqu'à Ostende, du port de Brest jusqu'aux Antilles, & au banc de Terre-Neuve; ils sont par-tout semblables & lumineux, sinon qu'ils sont plus gros & plus multipliés sous la zone torride que sous la zone tempérée. On en trouve de même dans la méditerranée ; cependant M. l'abbé Nollet les a représentés sous une forme assez différente de celle que leur donne M. Rigaud (a).

Dès la fin du siècle dernier, on avoit découvert des vers luisans de mer d'une autre espèce, & plus grands que ceux dont nous venons de parler. Cette découverte est consignée dans les premiers mémoires

______

(a) *Mém. de l'acad. des sciences*, année 1565. pag. 26.

de l'académie des sciences à l'année 1696, où il paroît qu'elle avoit
été oubliée. On y lit que sur les
écailles d'huitre gardées quelque
tems, on trouve une quantité de
petits vers d'une matière molasse,
qui s'écrasent aisément, mais qui
rendent une lumière violette qui
dure quelques secondes, même
après qu'ils ont été écrasés. Quelques-uns de ces vers d'une matière
plus solide que les autres ne s'é-
crasent pas aussi facilement ; ceux-là
brillent de toute leur longueur. On
en a vu tomber de l'huitre, &
étinceler comme une grande étoile
qui brille bien fort. Ils envoyoient
des brandons d'une lumière violette par reprise, l'espace de deux
secondes ou environ. Il est à croire
que ces scintillations venoient de
ce qu'étant vivans, & tantôt levant
la tête tantôt la queue, comme
une carpe, la lumière augmentoit
& diminuoit, car lorsqu'ils ne luisent plus, on les trouve morts. En
secouant avec force les écailles à

l'obscurité, on les voit toutes pleines d'étincelles, dont quelques-unes
sont grosses comme le bout du
doigt : elles sont formées d'une matière gluante tant rouge que blanche, qui est sans doute celle des
vers qui sont crevés dans leur trou.
Ce phosphore se trouve plus facilement dans les grosses huittes que
dans les petites, dans celles qui
sont percées de vers, que dans celles qui ne le sont pas, dans le côté
convexe que dans le plat, dans les
huitres fraîches que dans les vieil-
les. En secouant l'écaille, on irrite
les vers, ils brillent alors, mais
peu de tems ; au contraire la lumière que rendent les vers brillans
qui n'ont point été irrités, dure
quelquefois plus de deux heures.
Ces vers ont ordinairement huit
ou neuf lignes de longueur, & la
tête assez grosse, les uns sont gris
les autres rougeâtres, ceux-ci brillent plus aisément & plus long-tems
que les autres.

Certainement ces différens vers

luifans, ne font pas de la même
efpèce, mais ils ont cela de commun, qu'ils fe nourriffent tous dans
l'eau de la mer, & qu'il y a grande apparence qu'ils doivent à leurs
alimens, la propriété qu'ils ont de
briller dans les ténèbres. Soit que
les huiles & les bitumes qui y font
mêlés, fervent à leur entretien &
à leur confervation, foit qu'ils fe
nourriffent d'autres infectes, comme les fcarabées brillans de l'Amérique & des Indes; ils tirent de ces
matières graffes & phofphoriques
une nourriture très-capable d'établir en eux cette propriété lumineufe. Mais on fe perfuadera difficilement, qu'indépendamment de
la quantité d'infectes brillans que
la mer contient à fa furface, fes
eaux ne foient pas auffi naturellement phofphoriques. Les feux qui
en fortent fi communément à la
fin des tempêtes, & qui s'attachent
aux agrès des vaiffeaux, font d'une
nature toute différente; ils font
volatiles, très-légers, ils changent

de place au moindre mouvement
de l'air, & rendent en brûlant,
un bruit semblable à plusieurs étincelles électriques, qui se dévelop-
peroient en même tems; ce que ne
font jamais les vers luisans, quelques gros qu'ils soient, & quelque
lumière qu'ils rendent. Il est difficile de n'y pas reconnoître un
fluide ignée qui circule sans cesse
dans les eaux de la mer, en conserve le mouvement, & qui doit
contribuer encore plus que les sels
à les préserver de la corruption.
C'est en quelque manière le résultat des observations les mieux faites sur cet objet. Il est très-certain
que la mer contient une infinité
d'insectes lumineux, mais ils ne
font pas la seule cause de la lumière
que ses eaux rendent en certaines
saisons & dans des parages déterminés plutôt que dans d'autres;
& il est très-vraisemblable que ceux
qui pensent que les insectes en
question en font l'unique cause,
de même que ceux qui ne l'attri-

buent qu'aux feux électriques, donnent trop d'étendue à leurs idées : ces deux caufes peuvent y avoir lieu, & peut-être s'y en joint-il une troifième ; favoir une matière phofphorique provenue de la pourriture des corps marins & des plantes. Dans cette hypothèfe, il fera toujours facile d'expliquer, pourquoi la mer n'eft lumineufe que dans certains tems, puifque les animaux d'une part, & le fluide électrique ou la matière phofphorique de l'autre, ont befoin de circonftances favorables qui n'exiftent pas toujours, pour produire la lumière. Les matériaux de cette fubftance phofphorique fe trouvent dans la mer, mais le concours de l'air doit être néceffaire pour la faire briller. L'effort des rames, ou le choc du corps du bâtiment font crever les bulles chargées de cette matière, que leur légèreté ayoit fait monter à la furface de l'eau ; elles donnent, en s'ouvrant, cette étincelle ou lumière fenfible. Et fans doute cette matière eſt trop volatile & trop peu abondante, pour qu'on en puiſe aſſez dans une petite quantité d'eau de mer ; que dès-lors on eſſaie inutilement de rendre lumineuſe, quel que ſoit le mouvement dont on l'agite (*a*).

Cette théorie répond aſſez exactement à des obſervations faites ſur ce ſujet par des navigateurs attentifs & ſavans. Voici ce qu'ils en diſent. Lorſqu'un vaiſſeau fait bonne route, on voit ſouvent une grande lumière dans le ſillage, c'eſtà-dire dans les eaux qu'il a diviſées ou briſées à ſon paſſage. On ne doit pas l'attribuer à la réflexion de la lumière de la lune ou des étoiles ; car plus le ciel eſt obſcur, plus l'éclat dont brillent les eaux eſt vif. Il n'eſt pas toujours égal : à certains jours il y en a peu ou point du tout, quelquefois il eſt

____

(*a*) *Mém. de l'acad. des ſciences,* année **1767.**

plus vif, quelquefois plus languis-
sant. Il y a des tems où il est plus
étendu, d'autres où il l'est moins.
La vivacité de cette lumière est
telle qu'elle éclaire assez pour lire,
quoique l'on se trouve élevé de neuf
à dix pieds au-dessus de la surface
de l'eau. Tout le sillage paroît lumineux à trente ou quarante pieds
du vaisseau; plus loin il a quelque
brillant & ressemble à un fleuve
de lait.

Lorsque l'on peut distinguer les
parties brillantes d'avec les autres,
on remarque qu'elles n'ont pas toutes la même figure : les unes ne
font que comme des points de lumière, les autres ressemblent à des
étoiles; quelques-unes ont la figure
de globules d'une ligne ou deux
de diamètre, d'autres paroissent
comme des globes de la grosseur
de la tête. Souvent aussi ces phosphores se forment en quarré de
trois ou quatre pouces de long sur
un ou deux de large : toutes ces
différentes figures lumineuses pa-

roiſſent quelquefois en même tems.
On a vu le ſillage des vaiſſeaux
rempli de ces quarrés & de ces
globes de feu : on a vu ces mêmes
phénomènes, lorſque le vaiſſeau
alloit lentement, paroître & diſpa-
roître alternativement en forme
d'éclairs.

Ce n'eſt pas ſeulement le frottement des vaiſſeaux qui produit
ces phénomènes lumineux, les poiſſons laiſſent auſſi après eux un ſillage qui éclaire aſſez, pour pouvoir reconnoître la grandeur du
poiſſon & ſon eſpèce. Il arrive que
quantité de ces poiſſons, en ſe
jouant à la ſurface de la mer, produiſent des eſpèces de feux d'artifices qui ont de l'agrément. Une
corde miſe de travers ſuffit dans
ces circonſtances pour briſer l'eau
de manière à la rendre lumineuſe.
Si alors on tire de l'eau de la mer
& qu'on l'agite avec la main dans
les ténèbres, on y verra une infinité de parties ſcintillantes. Si l'on
y trempe un linge, & qu'on le

torde

torde dans l'obscurité , il sera éclairé de traits lumineux , & même
quand il est à demi-sec , il suffit de l'agiter pour que les étincelles en sortent. Lorsqu'une de ces
étincelles est une fois formée , elle
se conserve long-tems , & si elle
s'attache à quelque chose de solide , telle que les bords d'un vase , elle y dure des heures entières.

Ce n'est pas toujours lorsque la
mer est le plus agitée , qu'il y paroît le plus de ces phosphores , ni
même lorsque le vaisseau va le plus
vîte. Ce n'est pas non plus le simple
choc des vagues les unes contre les
autres qui produit le plus d'étincelles ; mais leur effet est sensible
contre les bords de la mer , qui paroissent quelquefois tout en feu ,
tant il y a de ces lumières multipliées. Leur production dépend
donc beaucoup de la qualité des
eaux, plus elles sont grasses & vis-
queuses, ce qui leur arrive souvent
même en haute mer , plus le sil-

lage rend de lumière pendant la nuit. On prend quelquefois des poissons tellement pénétrés de cette matière lumineuse, qu'ils brillent pendant la nuit comme des charbons allumés ; c'est ce que l'on a remarqué dans la gueule d'une bonite nouvellement pêchée, qui étoit éclatante d'une lumière qui paroissoit produite par une humeur visqueuse, que l'on pouvoit faire passer sur d'autres corps en les frottant de cette substance, qui cessoit de briller dès qu'elle étoit sèche (a).

Il est certain qu'on reconnoît dans la variété des formes de ces phénomènes, les causes combinées auxquelles nous en avons rapporté la production. On ne peut pas même douter que les eaux de la mer ne contiennent une substance phosphorique très-brillante, dont les

____

(a) *Mém. géographiques, physiques & historiques tirés des lettres édifiantes*, tom. I. *in-*12. *Paris* 1767.

parties rapprochées les unes des autres se trouvent dans la plus grande abondance dans quelques poissons, où elles conservent long-tems tout leur éclat. Tel est le dail, petit poisson renfermé dans un coquillage, que Pline appelle *Dactylus*, dont la propriété est de luire dans les ténèbres, & de briller d'autant plus qu'il y a plus d'eau. Il conserve son éclat dans la bouche de ceux qui le mangent. Les gouttes d'eau qui de ce coquilla-ge tombent sur les mains, sur les habits, à terre, luisent ; d'où il est évident que la nature de ce suc, est la même que celle qui forme la substance de l'animal (a).

____

(a) *Concharum e genere sunt dactyli ab humanorum unguium similitudine appellati. His natura in tenebris, remoto lumine, alio fulgore clarere, & quanto magis humorem habent, ludere in ore mandentium, lucere in manibus atque etiam in solo & veste decidentibus guttis : ut procul dubio*

M ij

Ce n'est pas la coquille qui est lumineuse, c'est l'animal qu'elle couvre, qu'il l'est au degré qui lui est propre. Les dails rendent d'autant plus de lumière, qu'ils sont plus frais, & qu'ils ont été plus récemment pêchés. En les retirant de leur coquille & les portant dans l'obscurité, toute leur surface est lumineuse, elle n'a point d'endroits obscurs, tous luisent d'une manière qui leur est propre. Cette qualité tient à toute leur substance ; on les déchire, on les découpe, les surfaces qui sont formées par ces divisions, sont lumineuses comme les autres l'étoient. Ce sont donc de vrais phosphores naturels, qui comme les phosphores artificiels, rendent brillans tous les corps contre lesquels ils sont frottés. Ain-

---

pateat succi illam naturam esse quam mirremur etiam in corpore. Hist. pat. lib. 9. cap. 61.

fi, comme l'a dit Pline, ils doivent luire dans la bouche de ceux
qui les mangent, & même rendre
lumineufes, la langue, les dents &
toutes les parties de la bouche contre lefquelles ils ont été appli-
qués. Ce coquillage fraîchement
pêché, a comme les huitres & les
moules beaucoup d'eau, pour peu
qu'on le manie les gouttes s'en détachent; ces gouttes elles-mêmes
font lumineufes, comme Pline l'a
très-exactement rapporté. Il n'eft
pas poffible que des particules de
l'animal ne foient mêlées avec cette
eau, & c'en eft affez pour la rendre luifante, la propre fubftance
du poiffon fe fondant & s'incor-
porant avec l'eau, qui paroît propre à la conferver.

La lumière que ces petits poiffons donnent aux corps contre lefquels ils ont été frottés n'eft pas
de longue durée; elle ceffe dès que
la liqueur vifqueufe qu'ils ont laif-
fée fur les corps y eft devenue fé-

M iij

che. Quand on néglige de laver
ses doigts après les avoir maniés,
la qualité lumineuse qu'ils avoient
acquife, s'affoiblit peu-à-peu, &
enfin difparoît entièrement; mais
lorfqu'enfuite on mouille ses doigts
pour les laver, on les voit pref-
qu'auffi lumineux qu'ils l'avoient
été d'abord, ce qui prouve que
l'eau eft très-propre à entretenir & à
revivifier cette fubftance phofphorique. Ces coquillages fe pêchent
fur les côtes de Poitou, & vivent
au milieu d'une pierre tendre qui
les environne de toutes parts; ils
y font dans une efpèce de prifon
d'où ils ne fortent de leur vie;
pour les avoir, il faut rompre
cette pierre. A mefure que l'animal groffit, il s'enfonce dans la
pierre où il creufe fon trou; l'inftrument dont il fe fert eft la partie charnue fituée près du bout in-
férieur de la coquille, qui reffemble
un peu à une lime; elle eft faite en
lozange, & affez groffe par rapport

au reste du corps (a). Que ce poiſſon ſe nouriſſe d'autres petits inſectes lumineux, ou ſeulement de l'eau de la mer, il eſt certain qu'il en tire ſa ſubſtance, & que ſa propriété eſt de ſéparer de toutes parties hétérogènes, cette matière phoſphorique qui paroît le compoſer en entier. Cette obſervation ne ſuffit-elle pas ſeule pour prouver que les eaux de la mer contiennent eſſentiellement le principe de l'éclat dont elles brillent dans les différentes circonſtances que nous avons rapportées. Les cauſes phyſiques de ces phénomènes ne paroiſſent pas même avoir touché la curioſité des anciens, ils parlent avec une ſorte d'étonnement de ce qu'ils ont de ſingulier, mais ils ne vont pas au-delà. Ces ſecrets de la nature leur paroiſſoient impéné-

---

(a) V. *les mém. de l'acad. des ſciences,* an. 1712. & 1723.

M iv

trables : nous en avons découvert quelque chofe, mais qu'il s'en faut que nous foyons bien inftruits du méchanifme de toutes ces merveilles. Que de chofes refteront éternellement incertaines & cachées dans la majefté de la nature, dont jamais on ne levera le fceau refpectable

§. XI.

DISSERTATION

Sur le feu élémentaire, & ses développemens divers.

Quelle est donc cette matière dont l'activité est si étonnante, dont la vitesse peut à peine être suivie par l'imagination ? En un mot, qu'est-ce que le feu qui produit tant de phénomènes variés & si différens les uns des autres ? Dans un moment il change les dispositions de l'air, il y porte par son mouvement impétueux un désordre effrayant, ou il y répand les qualités les plus salutaires. Il bouleverse des régions entières, & change la face des pays où son activité se déploie dans toute sa force. Il agit avec plus de violence encore dans les profondeurs de la terre que dans l'espace libre de l'air. Répandu dans tous les corps, mais en différente quantité, il entretient les uns, & confume les autres. Ici la foudre deftructive eft une fuite de fes combinaifons avec des matiè-res propres à feconder fes efforts, tandis que répandu avec une fage économie dans cet arbre majeftueux dont la cime va fe perdre dans les nues, il facilite le beau déve-loppement de toutes fes parties, depuis l'extrémité de fes racines, jufqu'à celle de la branche la plus élevée. C'eft ce même agent plus ou moins développé qui met la différence entre le courfier vif & fuperbe, & le bœuf lourd & pa-reffeux. C'eft le feu plus ou moins animé qui diftingue fi fort les fen-fations agréables, les mouvemens prompts & faciles de la belle jeu-neffe, de ceux de la froide & trifte vieilleffe. En un mot répandu dans tout l'univers, le feu circule fans ceffe autour de nous, il forme dans les régions différentes de l'atmof-phere les météores les plus brillans, la plupart fi legers, qu'ils ne consiftent que dans cette apparence qui rend l'action du feu senfible, tandis qu'il fait fortir du fein de la terre d'autres météores plus folides & plus formidables, qu'il lance au loin dans les airs.

C'eft dans les entrailles de la terre, cette maffe en apparence fi froide, qu'il affine l'or & les autres métaux. C'eft dans l'épaiffeur des rochers qu'il travaille à la formation des diamans & des pierres précieufes. C'eft dans les mains de la nature l'agent univerfel employé pour la production de toutes les fubftances, comme pour leur deftruction; fi l'on peut appeller deftruction, ce qui n'eft qu'un changement de modification. L'alchymifte dans fes travaux les plus opiniâtres décompofe, mais ne détruit ni ne change la fubftance des métaux : les parties qui en reftent après les épreuves pouffées le plus loin font metalliques, & de même efpèce, quelque atténuées qu'elles foient. Le bois même qui en-

tretient le feu que nous connoif-
fons le plus, n'eft point détruit,
il n'eft que divifé en fes parties
élémentaires : la fumée, la fuie,
la cendre, ne font que l'air, l'eau,
les huiles & la terre dont le mélange compofoit le bois.

Les recherches de l'homme, &
fes efforts les plus pénibles font
parvenus à s'affujettir le feu jufqu'à
un certain point ; mais fes tentatives ont été inutiles pour produire
par fon moyen ces compofitions
rares, que l'on regarde comme les
richeffes les plus précieufes de la
nature. Il femble n'avoir pleine-
ment réuffi que dans cet art meur-
trier, qui a des effets auffi terribles que ceux de la foudre la plus
violente, qui place à fon gré dans
le fein de la terre des volcans affez forts pour renverfer les conf-
tructions les plus folides (*a*).

____

(*a*) Pline frappé de l'abondance avec
laquelle le feu eft répandu dans toute la

Voilà ce que nous préfentent les principaux phénomènes du feu,

---

matière, de la facilité qu'il trouve à fe reproduire fans ceffe, fe demande avec étonnement, quelle eft donc cette fubf-tance qui fuffit à entretenir la voracité la plus extrême, fans en fouffrir aucun dom-mage : *Quæ eft illa natura, quæ voracita-tem in toto mundo avidiffimam, fine fui damno pafcit?* à la vue de ces effets qui fe renouvellent continuellement, dont il rapporte les circonftances les plus frap-pantes, voyant le feu dominer dans tous les corps, & jufques dans le fein des eaux ; n'a-t-il pas raifon de dire que la plus gran-de de toutes les merveilles, eft qu'il fe paffe un feul jour fans que tout l'univers devienne la proie d'un incendie univerfel. *Excedit profecto omnia miracula, unum diem fuiffe, quo non cuncta conflagrarent.* Hift. natur. lib. 2. cap. 107. —— C'eft fans doute à la fuite de quelques-uns des dé-fordres caufés par le feu, qu'Ariftote ne pouvant en concevoir la véritable caufe, lui attribue une activité immuable fondée fur fon effence. Tous les élémens, dit-il, (*metereor. lib. 4.*) fe corrompent & fe dé-truifent, excepté le feu, auquel tout fert d'aliment. On ne doit donc pas être étonné que tant de philofophes l'aient regardé foit que nous le confidérions dans cet état de liberté, où il n'eſt foumis qu'aux feules loix de la nature, foit que nous confidérions fes effets déterminés par les reſſources de l'art. Mais aucunes de ces confidérations ne nous apprend quelle eſt fa véritable eſſence. Si elle nous étoit bien connue, fans doute que nous concevrions plus aifément les caufes de tant de phénomènes, que nous ne pouvons affigner, parce que nous ne remontons pas à leurs vrais principes. Tâchons au moins de nous en faire une idée, & de découvrir quelque chofe de la nature du feu dans fes effets.

---

comme l'ame du monde. Le fentiment inné de l'immortalité de l'ame devoit conduire les plus raifonnables d'entr'eux à ne voir dans le feu que le principe conftant & incorruptible du mouvement répandu dans le reſte de la matière.

※

§. XII.

Sur l'essence & les qualités principales du feu.

Le feu est répandu par-tout, on connoît son existence, sa nécessité, ses avantages, ses dangers, ses agrémens même; mais est-on instruit sur sa nature? Le vulgaire présomptueux & ignorant, regardera cette question comme inutile, tandis que le philosophe le plus sage & le plus éclairé n'osera pas y répondre. Nous connoissons, dit le célèbre s'Gravesande, diverses propriétés du feu, mais il y en a plusieurs dont nous n'avons aucune notion. Je ne proposerai point d'hypothèse à ce sujet, je raisonnerai d'après l'expérience, sans m'arrêter à ce qui n'est point parfaitement connu. Le feu pénètre aisément les corps les plus denses & les plus durs; car nous ne connoissons aucun corps qui ne s'échauffe dans toute son étendue en l'approchant du feu. Le mouvement du feu est très-rapide ; c'est ce que prouvent les observations astronomiques. Le feu s'unit aux corps, il leur communique non-seulement de la chaleur, mais un principe d'expansion qui agit de même sur les corps dont les parties ne sont pas cohérentes, & qui dans ce cas acquièrent la plus grande élasticité, ainsi qu'on le remarque dans l'air & les vapeurs aqueuses. Si tous les corps violemment agités s'échauffent en se choquant l'un contre l'autre, & souvent même assez pour s'enflammer, le feu, en se développant ainsi, prouve qu'il est contenu dans tous les corps ; c'est leur choc mutuel qui le met en mouvement & le fait sortir, mais qui ne l'engendre point (a). Cet aveu modeste

---

(a) *Physices elementa mathematica experimentis confirmata à Guillel. Jacobo s'Gravesande, lib. 3. part. 1. cap. 1.*

& vrai du philofophe Hollandois, ne donne que plus de poids au peu de principes lumineux qu'il établit fur ce fujet.

Un célèbre écrivain femble en avoir donné une idée plus précife lorfqu'il dit. . . « La lumière n'eft » que le feu lui-même, lequel brûle » à une petite diftance, lorfque » fes parties font moins tenues, ou » plus rapides, ou plus réunies, & » qui éclaire doucement nos yeux » quand il agit de plus loin, quand » fes particules font plus fines, » moins rapides & moins réunies. » Ainfi une bougie allumée brûle- » roit l'œil qui ne feroit qu'à quel- » ques lignes d'elle, & éclaire l'œil » qui eft à quelques pouces. Ainfi » les rayons du foleil épars dans » l'efpace de l'air, illuminent les » objets, & réunis dans un verre » ardent, fondent le plomb & l'or.

» Ce feu eft dardé en tous fens » du point rayonnant, c'eft ce qui » fait qu'il eft apperçu de tous les » côtés. Il faut donc toujours le con-

» fidérer comme des lignes partant
» d'un centre à la circonférence.
» Ainfi tout faifceau, tout amas,
» tout trait de rayons venant du
» foleil, ou d'un feu quelconque,
» doit être confidéré comme un cô-
» ne dont la bafe eft fur notre pru-
» nelle, & dont la pointe eft dans
» le feu qui le darde (a). »

Cette explication, quoique pro-
pofée en termes précis & fort clairs,
ne nous donne d'autres développemens de la nature du feu, que
ceux qui fe font par les fenfations:
c'eft de cette manière feule que la
nature fe manifefte à nous. Les
réflexions que les fenfations excitent dans notre efprit, nous con-
duifent à découvrir certains rap-
ports qu'elles produifent; mais en
favons-nous plus fur la véritable
effence des chofes?

____

(a) *Elémens de la philofophie de Newton
mis à portée*, &c. par M. de Voltaire,
chap. I.

La nature du feu & ses caractères présentent donc la question la
plus obscure que la physique ait
à résoudre. On n'ose pas même
dire que personne y ait encore ré-
pondu d'une manière satisfaisante.
Nous n'entreprendrons pas d'aller
plus loin. Mais comme le feu est
l'agent principal dans la formation
des météores dont nous avons parlé, nous avons pensé qu'il seroit
utile de dire ici quelque chose de
ses phénomènes les plus ordinaires
& les plus connus, de la manière
dont il se présente dans les différens usages auxquels on l'employe ;
desquels il est possible de tirer,
avec les plus habiles physiciens, des
conjectures qui peuvent indiquer
les moyens de résoudre cette grande question.

On s'accorde en général à reconnoître dans le feu quatre caractères principaux : la lumière, la
raréfaction, la chaleur, & le mouvement propre ou intestin. Toute
lumière annonce la présence du feu.

ou son existence, quoiqu'elle ne soit accompagnée d'aucune chaleur sensible : ainsi la lumière de la lune peut être comptée parmi les effets du feu, quoique ses rayons rassemblés au foyer d'un miroir ardent acquièrent un grand éclat, mais sans le moindre sentiment de chaleur. Cette opinion a souffert jusqu'à présent des difficultés; & on a cru avoir raison de douter que la lumière de la lune fût un feu réel, quoiqu'elle ne soit qu'une émanation ou une réflexion de la lumière du soleil, qui éclaire & échauffe en même tems. On a cru avoir raison de dire que la lumière du soleil & sa chaleur avoient des causes différentes; ce qui paroît prouvé par une multitude d'observations faites dans ces derniers tems, par lesquelles il est constant que les émanations du fluide ignée terrestre sont une cause plus réelle de chaleur, que les rayons lumineux du soleil; puisque sur le sommet des plus hautes montagnes de l'univers, où les corps reçoivent immédiatement l'impreſſion des rayons ſolaires, non-ſeulement ils n'en ſont point échauffés, mais même l'air y eſt ſi froid que l'on ne pourroit y vivre, quand même il ſeroit auſſi propre à la reſpiration, que celui des régions les plus baſſes de la terre.

On aura de la peine à ſe faire à cette idée, parce que dans l'état ordinaire des choſes, la ſenſation de la lumière du ſoleil eſt preſque toujours unie avec celle de la chaleur, & que l'on croit que l'une & l'autre ſont un ſeul & même effet du feu élémentaire ; mais nous avons rapporté tant d'obſervations & d'expériences dans la théorie générale de l'air qui prouvent le contraire, qu'il n'eſt pas poſſible de ne pas ſéparer le principe de la chaleur d'avec celui de la lumière.

Si l'on veut cependant que la cauſe de la chaleur & de la lumière ſoit la même, il faut au moins la ſoumettre à des modifi-

cations, qui en changent totalement
les effets. Ces modifications doivent être rapportées à la différence
des mouvemens. La lumière en
suppose un en ligne droite, car dès
qu'il y a confusion dans les rayons
qui viennent frapper la rétine, on
ne voit plus rien : la chaleur au
contraire est la suite d'un mouvement varié par des directions opposées dans une multitude de sens.
On ne doit pas la concevoir autrement, sur-tout si on ne perd pas
de vue les substances insensibles
qui, flottant dans l'atmosphère, réfléchissent en tout sens les rayons du
soleil, & en redoublent l'activité.

Il est vrai que l'on a peine à ne
pas considérer la lumière & la chaleur comme deux modifications de
la matière fort analogues entr'elles,
à s'en rapporter aux sensations
qu'elles font naître ordinairement.
Quelques philosophes ne font même pas difficulté d'affirmer que jamais il n'y a de chaleur sans quelque lumière, ni de lumière sans

quelque chaleur ; & ils n'admettent
qu'une seule & même cause de l'une
& de l'autre, l'action du soleil.
S'il y a des cas, disent-ils, où ces
deux êtres ne coexistent pas dans le
même lieu, c'est nier l'existence
d'une chose par la seule raison que
l'on ne l'apperçoit pas ; & un ar-
gument de cette nature ne prouve
rien. Le peuple, selon eux, a des
idées grossières & trop bornées sur
le feu ; il n'en suppose que lorsqu'il
tombe sous ses sens : la chaleur qu'il
éprouve alors n'est cependant qu'un
æther embarrassé de mille particules hétérogènes : c'est le feu le plus
grossier. Sans doute que ces philosophes n'ont pour objet que la cause
de la chaleur répandue dans l'atmosphère ; ils font abstraction de
celle qui se fait sentir si vivement
dans les profondeurs de la terre, &
qui n'a rien de commun avec l'action du soleil ; mais au moins ils
font obligés de convenir que l'activité de cette chaleur grossière qu'ils
admettent, est redoublée par les

moyens les plus propres à nous la faire sentir ; ce qui nous approchera davantage de la connoissance des causes du feu & de la chaleur qu'il produit.

Ainsi, l'éther ou le fluide subtil sera le principe du mouvement & de la lumière ; mais le phlogistique répandu dans toute la matière sera la vraie cause de l'existence du feu & de la sensation de la chaleur. On pourra placer sa source dans toute l'étendue du globe, d'où le fluide subtil répandu dans tout l'univers, où il entretient le mouvement, le tire pour le disperser dans l'atmosphère, au moins jusqu'à la hauteur où l'air est respirable. Ce phlogistique est plus abondant près de sa source que lorsqu'il en est éloigné : c'est pour cela que la sensation de la chaleur est si vive aux environs de Lima, tandis qu'à mesure que l'on quitte les bords de la mer, pour s'avancer dans les montagnes de la Cordillière, on sent le froid s'augmenter par degrés, &

devenir

devenir enfin mortel, sans que pour cela la quantité de lumière diminue; au contraire elle n'est que plus pure & plus pénétrante. Le mouvement général y éprouve beaucoup moins d'obstacles que dans les régions inférieures; il doit y être plus direct; mais le phlogistique ou n'y existe plus, ou n'y conserve plus d'action, & dès-lors il n'y a plus de feu proprement dit.

Si cette manière de concevoir le feu, sa cause & son action, n'est pas la plus conforme aux loix de la nature, au moins c'est la plus intelligible, & la plus éloignée d'une métaphysique subtilisée, dont le propre n'est que de répandre de l'obscurité sur les effets de la nature les plus ordinaires, qu'il seroit peut-être plus aisé de concevoir, sans l'appareil scientifique dont on les enveloppe. C'est ce que produisent le plus souvent ces hypothèses, dans l'exposition desquelles on ne croit devoir employer que les termes les plus généraux.

& dès-lors les moins propres à être entendus, parce qu'il est rare qu'ils puissent servir à une explication précise des phénomènes particuliers, dont la connoissance conduit à la découverte du premier principe.

Quand donc les causes de la lumière & celles de la chaleur se trouvent réunies dans la même direction, alors elles agissent de manière à faire illusion, & à persuader qu'elles n'existent pas l'une sans l'autre : ainsi nous avons peine à séparer l'idée de la lumière du soleil de celle de la chaleur, quoique ce soient deux effets très-différens. Nous en pourrions tirer la preuve de la lumière du soleil & de celle de la lune. La différence qui est entre les sensations qu'elles excitent, est sans doute occasionnée de ce que nous avons directement les rayons du soleil, quand ils viennent de cet astre jusqu'à nous; leur mouvement alors a toute sa force, & il est assez actif pour développer le phlogistique répandu

dans la masse de l'air, & lui assurer tout son effet. Plus les rayons
du soleil sont perpendiculaires,
plus leur action est sensible. De-là
la différence de la chaleur dans les
saisons de l'année, les émanations
du fluide ignée terrestre étant sup-
posées les mêmes dans chaque saison; car si elles sont tout-à-fait in-
terceptées, si elles ne sont pas rem-
placées par des vapeurs & des exhalaisons capables de quelques-uns
de leurs effets, alors il n'y a plus
de sensation de chaleur.

La lune ne nous transmet les
rayons du soleil que par réflexion,
après qu'ils ont traversé deux fois
son atmosphère, que l'on croit froide & fort dense, & qu'ils ont ensuite surmonté les obstacles que leur
opposent les vapeurs abondantes
dont notre atmosphère est remplie, sur-tout lorsque la lune nous
éclaire de ses feux tranquilles :
obstacles qui anéantissent presque
tout-à-fait le mouvement que les
rayons du soleil ont dans leur ori-

gine, & qui ne sont plus capables de produire aucune chaleur sensible. Ne pourroit-on pas les comparer à un fleuve qui coule impétueusement de sa source jusqu'à la digue sur laquelle il vient se briser, & qui, trouvant ensuite une surface plane embarrassée de petits corps fort légers, mais suffisans pour retarder son mouvement de réflexion, se répand au large, & ne conserve plus rien de sa première impétuosité ? Il devient stagnant & indifférent à toute direction, à moins que quelque force nouvelle ne lui en imprime une, & ne le fasse couler en quelque sens. C'est cette force nouvelle que l'on n'a encore pu donner aux rayons réfléchis de la lune. En-vain on les a rassemblés au foyer des miroirs ardens les plus actifs, jusqu'à présent ils y ont toujours conservé leur lumière douce & innocente, & on les a trouvé tout-à-fait incapables d'aucune action marquée. Mais l'art est-il au période de sa perfection ? ne peut-il rien inventer de nouveau ? ne paroîtra-t-il pas quelque génie capable d'imaginer & de composer un miroir ardent assez parfait, pour rétablir la lumière de la lune dans ses droits naturels, & prouver par la chaleur des rayons qui en sont réfléchis, qu'ils viennent directement du soleil, quoique fatigués par la longue route & les détours qu'ils ont faits ?

Cette découverte est dans la classe des choses possibles, voilà tout ce que l'on en peut dire. Ceux qui prétendent que la lumière n'existe pas sans chaleur, y trouveroient une nouvelle preuve de leur opinion. Ils l'appuient encore sur ce que dans le tems des éclipses, la chaleur qui se faisoit sentir auparavant, est tout-à-coup interrompue : mais n'est-ce pas plutôt parce que le mouvement de l'air n'est plus le même, & que les rayons du soleil n'agissent plus sur les causes de chaleur répandues dans notre atmosphère. Car il faut nécessairement les y reconnoître, elles y exist

tent , mais leur développement
semble attaché au mouvement qu'y
établiſſent les rayons du ſoleil. Ce
mouvement eſt quelquefois remplacé par les émanations abondantes du phlogiſtique qui s'élève du
ſein de la terre : de là vient que
la ſenſation de la chaleur eſt plus
forte dans certaines nuits de l'été
que pendant que le ſoleil brilloit
ſur l'horiſon de tout ſon éclat.
Alors un mouvement eſt remplacé
par un autre, le fluide ignée terreſtre
agit juſqu'à une certaine hauteur
de l'atmoſphère , & y conſerve une
chaleur qui ne diminue pour quelques inſtans, que lorſque la terre
s'eſt refroidie, ce qui n'arrive que
peu de tems avant que le ſoleil re-
paroiſſe de nouveau. C'eſt une plus
grande quantité de ce fluide qui
occaſionne des températures locales,
dont la douceur étonné , tandis que
par tout ailleurs un foid rigoureux
ſe fait ſentir. Au mois de décembre 1762 , & au mois de janvier
1763 , il ne fit ni froid ni gelée,

dans les Sables d'Olonne ni six
lieues à la ronde, pendant que le
froid étoit très - vif ailleurs (*a*);
quelle put être la cause de la température extraordinaire de ce petit
canton, sinon une plus grande émanation du fluide ignée terrestre excitée par l'état actuel du sol, & une
fermentation plus vive qui se trouvoit dès - lors dans l'intérieur du
globe, immédiatement au-dessous
de ce pays.

Tous les corps, très-peu excep-
tés, acquirent par l'action du feu
une expansion de leur substance en
toute dimension; & jusqu'à une
certaine étendue. Durs, mous,
fluides, légers ou pesants, tous
sont susceptibles de raréfaction:
on en a la preuve dans une barre
de fer qui s'allonge pendant l'été
& qui se raccourcit pendant l'hiver.
Cependant il est hors de doute que

____

(*a*) *Mém. de l'acad. des sciences, ann.*
1763.

N iv

les corps fluides sont susceptibles
d'une plus grande raréfaction que
les corps durs; quoique le feu agisse
sur ceux-ci au point de les dissoudre; mais l'action du feu cessant,
ces mêmes corps se condensent,
leurs molécules intégrantes se rapprochent, ils reprennent leurs premières qualités. Tous les corps se
raréfient & se dilatent en été, ils
se contractent & se resserrent en
hiver. Mais le feu n'agit pas d'une
manière égale sur tous les corps,
il fond les uns & les amollit, il
communique aux autres de la roi-
deur & de la dureté; c'est ainsi
qu'il modifie les os, les bois, la
terre détrempée, les craies & les
autres corps mixtes semblables.
Pour se faire une idée de ces modifications différentes qui résultent
de l'action du feu, il faut le considérer, ou dans l'état de nature,
ou dirigé par l'art. Nous n'avons
rien à dire sur la première manière,
dont il est rare que nous soyons à
portée de suivre les grandes opé-

rations : à l'ordinaire la matière
du feu qui pénètre librement, tranquillement & en petite quantité
les métaux, & les autres mixtes
solides n'y produit pas des modifications dont ils puissent être alté-
rés; ceux qui lui font moins de résistance, qui font plus sensibles à son
action entrent dans une forte de fermentation, qui séparent les matières
différentes dont ils font composés,
les unes se dissipent par l'évaporation, les autres se réunissent & se
rapprochent. Mais si l'art rassemble dans un petit espace une quantité de cette matière ignée qui soit
dans une grande agitation, & se
porte avec vivacité dans les pores
& sur toute la substance d'un corps
solide; il parviendra à la décom-
poser, ou par la fonte, ou par la
calcination; c'est ce qui arrive dans
nos foyers, dans les fournaises, ou
par les rayons du soleil rassemblés
au miroir ardent. Alors la matière
ignée ressemble à un fleuve débordé
qui renverse & entraîne le pont

sous lequel il passoit dans son état naturel.

La matière du feu vivement agitée, comme tout autre fluide dont le mouvement est accéléré emporte avec elle, & pousse dans la tissure des corps, des fluides plus grossiers qu'elle, qui contribuent à leur dissolution. Telles sont les matières sulfureuses & nitreuses du feu de nos foyers & de nos fournaises; tels sont les sels & les autres mélanges dont on charge les substances qu'on veut fondre : rarement la matière du feu, telle que nous pouvons l'observer, est pure, & peut-être par sa nature comprend-t-elle plusieurs autres matières de différens degrés de subtilité. Cet ordre de composition est assez naturel à tous les corps : ils renferment tous des parties subtiles qui nous sont insensibles, & qui, pour cela, n'ont pas moins d'activité. Ce sont même les premiers matériaux qui entrent dans leur organisation, & desquels dépendent les secondes qualités, & la plupart des opérations naturelles. Nous sommes obligés, faute de les connoître, de rester dans l'ignorance de ce que nous voudrions savoir à leur sujet, nous étant impossible de former aucun jugement certain, parce que nous n'avons aucune idée précise & distincte de ces premiers corspucules. S'il nous étoit possible d'amener à la portée de nos sens ces molécules élémentaires si déliées & si subtiles, qui font les parties actives de la matière, nous distinguerions leurs opérations méchaniques avec une facilité qu'il seroit aisé d'acquérir par l'usage. Mais le défaut de nos sens, ne nous laisse que des conjectures fondées sur des idées, dont il est probable que la plupart sont fausses, & nous ne pouvons être assurés d'aucune chose sur leur sujet, que de ce que nous en apprenons par des expériences qui ne réussissent pas toujours, & qui souvent se contrarient les unes les autres.

N vj

Cependant l'action de cette matière toute invisible qu'elle l'est nous indique au moins par comparaison quelques-unes de ses qualités. Il paroît certain par exemple que la matière du feu que l'on enferme dans une lame de verre, en la jettant dans l'eau froide, & qui la brise ensuite, est d'une nature plus grossière que la matière subtile ordinaire, qu'elle tient beaucoup des sels & des soufres de la fournaise où le verre a été fondu, puisque la croûte du verre condensée par l'eau froide, suffit pour lui fermer le passage, tandis qu'elle le donne à la matière lumineuse comme les autres verres. Or il est probable que ces matières ainsi renfermées, & capables d'une si grande raréfaction non-seulement conservent leur mouvement propre & intestin qui les tient constamment dans une disposition prochaine à s'étendre avec un effort proportionné à la résistance qu'elles éprouvent, mais qu'elles doivent être encore secondées par un agent extérieur, qui leur donne un nouveau degré d'action, & détermine le fluide subtil dont elles sont pénétrées, à faciliter leur développement.

La chaleur, cette propriété si essentielle du feu, que l'on ne l'en conçoit jamais séparé, est le moyen que l'on a pris dans tous les tems pour en connoître la nature. Les Péripatéticiens définissoient le feu ou le principe de la chaleur, un élément chaud & sec. Cette définition soutenue des qualités occultes qu'ils supposoient par-tout, & qui leur servoient à tout expliquer, pouvoit satisfaire les philosophes anciens, & peut-être leur persuader qu'elle leur donnoit une idée suffisante du feu & de la chaleur qui est le plus sensible de ses attributs; mais très-certainement elle ne leur aprenoit rien sur sa nature.

Epicure fonda une nouvelle école & se fit honneur de suivre les découvertes de Démocrite, peut-être le plus habile des philosophes de

l'antiquité, parce qu'il joignit conſtamment l'obſervation au raiſon-
nement; auſſi ſes ſectateurs s'ex-
pliquèrent-ils d'une manière ſi intelligible, qu'ils parurent avoir
ſaiſi le point de la difficulté. La
chaleur, diſoient-ils, eſt moins un
accident du feu que ſa puiſſance
eſſentielle, que l'on ne peut point
en diſtinguer réellement. L'eſprit
ſeul peut imaginer quelque diſtinc-
tion entre la chaleur & le feu. Le
feu eſt compoſé de petits corpuſcu-
les ronds & très-mobiles, qui étant
mus avec la plus grande célérité
que l'on puiſſe imaginer, que l'on
a même peine à concevoir, portés
également en toute direction, non-
ſeulement ſont capables de pénétrer, d'agiter & de décompoſer les
corps ſoumis à leur action immédiate, mais quoiqu'éloignés, ils
peuvent encore imprimer la ſenſation de la chaleur & de la lumière
ſur les fibrilles nerveuſes qu'elles
affectent par une vibration vive &
non interrompue.

La chaleur ne feroit donc, felon eux, que cette fubftance volatile du feu divifée en atomes infenfibles, qui fortent continuellement de la matière qui lui fert d'aliment; de forte que non-feulement elle échauffe les corps qui font à portée d'éprouver fon action, mais s'ils font combuftibles, cette feule chaleur fans feu apparent peut, par la continuité de fon action, communiquer aux corps inflammables affez de mouvement pour qu'ils s'allument, & qu'il en forte des flammes : c'eft-à-dire que la chaleur agiffant fur le fluide fubtil répandu dans les interftices des pores de ces corps, en augmente tellement l'activité, qu'en fe développant, il en divife les parties élémentaires de manière qu'il leur ôte tout moyen de fe réunir.

Cette action fourde & violente d'un feu caché n'eft jamais plus remarquable que dans les incendies qui naiffent des corps frappés de la foudre, quelque tems après fa chûte,

& lorsque l'on pense qu'il n'y a plus de danger à en craindre. Cependant comme elle est très-propre à les pénétrer d'un phlogistique extraordinaire, s'il vient à se développer, le feu qui en résulte cause d'autant plus de ravages, que les corps qu'il dévore sont en quelque sorte décomposés avant qu'il fasse éruption. Nous en avons rapporté quelques exemples en parlant des effets de la foudre. Nous ajouterons ici que ceux de cette espèce ne sont jamais plus terribles que lorsqu'ils se manifestent dans des vaisseaux qui se trouvent en pleine mer. C'est ce qui arriva le 19 septembre 1766, à la frégate *la Modeste* ; le tonnerre étant tombé dessus, presque tout l'équipage fut renversé, personne cependant ne fut tué, & on en fut quitte pour deux chevaux qui étoient à bord. Le vaisseau fut exactement visité, & on ne trouva aucune trace de feu ; cependant quelque tems après, une odeur de soufre & une affreuse fumée, annoncèrent un incendie qu'il ne fut pas possible d'éteindre, & qui consuma en peu de tems tout le bâtiment. Dans ce triste évènement, de même que dans les autres incendies occasionnés par le tonnerre, un feu caché, couvé pour ainsi dire dans l'intérieur des bâtimens, s'étend ensuite avec d'autant plus de promptitude qu'il avoit été plus long-tems retenu. C'est peut-être la raison pour laquelle les incendies causés par la foudre sont presque toujours irrémédiables, le feu y étant déja contenu & comme allumé dans tout l'intérieur des corps combustibles, au lieu que dans les incendies ordinaires, il ne se communique que de proche en proche, & on peut en empêcher la communication.

Dans les incendies ce sont les corpuscules ou effluences sortant du corps enflammé, qui, tant qu'ils sont réunis & renfermés dans la sphère de la flamme, constituent par la continuité de leur mouve-

ment le feu visible proprement dit.
Mais quand ils font défunis & dif-
perfés, qu'ils ne tombent plus fous
le fens de la vue, qu'ils ne font
plus fenfibles que par la fenfation
qu'ils donnent aux corps, on leur
donne le nom de chaleur; elle eft
la fuite du mouvement qu'ils leurs
communiquent, par lequel l'efprit
ignée, ou le fluide fubtil eft développé dans ces corps, & rend la fen-
fibilibité aux parties, defquelles la
rigueur du froid fembloit l'avoir
exclue. C'eft ainfi que Gaffendi,
d'après les idées prifes dans les
écrivains de l'école d'Epicure, a
expliqué plutôt les apparences du
feu & de la chaleur que leur nature. Cependant on n'avoit encore
rien dit à ce fujet de plus fatisfai-
fant; & même tout ce que l'on a
avancé depuis, n'eft qu'un développement plus avantageux de ces
mêmes idées, facilité par une foule
d'obfervations & d'expériences.

Defcartes, dans fa divifion des
élémens, trouva une explication

du feu plus mystérieuse qu'intelligible. Ses disciples ont senti cet inconvénient, & laissant à part la grande hypothèse de leur maître sur le partage de la matière dans la formation du globe, ils ont cherché à mettre sa doctrine plus à la portée de tous les esprits.

Le feu, selon eux, est un corps mixte, fluide au plus grand degré. C'est un corps, son étendue le prouve: c'est un mixte, il n'est qu'une composition naturelle, un mélange des autres élémens que l'on distingue par les différentes qualités du feu. Le premier, par son éclat & sa lumière; le second, par sa transparence, & le troisième par sa densité. C'est le plus fluide de tous les mixtes, ses parties sont très-atténuées, & se répandant par un mouvement très-prompt, il pénètre tous les autres corps, non - seulement ceux qui sont liquides & mous, mais les plus solides & les plus durs: il enflamme les uns, il brise les autres; il les fond, il les

raréfie, il les atténue en vapeurs
subtiles & insensibles. Ainsi il fond
les cailloux les plus durs & les vi-
trifie, il réunit les parties divisées
des minéraux, & de dures & cas-
santes qu'elles étoient, il les rend
souples & ductiles. A peine reste-
t-il d'un grand amas de bois enflammé une petite quantité de cendres, qui en font la partie saline
& non volatile. Les huiles s'enflamment & se consument en entier, l'eau s'exhale en vapeurs. A
la vue de tous ces prodiges, il ne
faut pas être étonné que quelques
peuples de l'antiquité aient regardé
le feu comme une bête vorace &
insatiable, qui ne se soutient & ne
se reproduit que par la destruction
de tous les corps qu'il approche &
qu'il détruit : il n'existe jamais avec
autant d'avantage que lorsqu'il fait
le plus de désordres. C'est alors que
du sein de la destruction même on
a vu quelquefois sortir des mixtes
admirables, dont le feu réunit la
matière en dévorant tous les obsta-

cles qui en divisoient les parties.
On peut citer en exemple le fait
suivant.

A deux lieues de Segna, petite
ville fortifiée de la Croatie, des
pâtres rassemblés, en 1761, près
d'une montagne couverte de bois,
firent un grand feu de grosses branches d'arbres qu'ils avoient abattues
pour se chauffer. Le vent étoit nord
& très-violent; la flamme fut poussée sur de vieux chênes qui s'em-
braserent à l'instant, & l'incendie
se communiquant de proche en
proche, la forêt qui contenoit plus
de dix mille arpens, ne forma en
moins d'une heure qu'un vaste bu-
cher. Dès que le feu eut gagné le
bois, un grand nombre de sangliers
& de loups, dont quelques-uns
étoient d'une grosseur monstrueuse,
s'élancèrent de leurs retraites en
jettant des hurlemens effroyables.
Peu de tems après la montagne
s'entr'ouvrit avec un fracas épouvantable : l'ouverture étoit d'environ quinze pieds de profondeur

fur dix de diamètre. Il en fortit
avec impétuofité une matière liquide & brûlante, qui, fe durcif-
fant à mefure qu'elle s'éloignoit
de fa fource, forma une maffe de
fept à huit cens quintaux. Cette
matière étoit un métal mixte compofé de cuivre, de fer, d'étain &
d'argent. On en conferve des morceaux, qui font, dit-on, de la plus
grande beauté (a).

Ces effets ne peuvent être produits que par un mouvement auffi
précipité que violent : c'eft ce mouvement qui donne tant de force à
l'action des parties ignées, que fans
lui elles ne produiroient aucune des
fenfations que l'on éprouve de leur
part. De leur foyer principal qui
eft le centre de leur mouvement,
elles fe répandent en tout fens à la
circonférence, en haut, en bas, par
les côtés ; elles n'ont point de di-

_____

(a) Journ. encyclop. juin 1770. tom. 4.
pag. 457.

rection déterminée. Car quoique l'on ait pensé sur cette légèreté naturelle du feu, que l'on croit toujours tendre en haut, comme à sa sphère naturelle, que l'on place au-dessus de l'air le plus subtil, c'est une imagination qui vient encore des Péripatéciens. Le feu, suivant les loix générales du mouvement, tend directement où il trouve le moins de résistance de la part des corps qui l'environnent. S'il s'élève de préférence à toute autre direction, ce phénomène n'arrive que lors qu'il trouve dans l'air de la facilité à suivre un courant qui y est déja établi, ou que sa première éruption détermine à se former. Il ne faut pas en aller chercher la preuve plus loin que dans le feu des cheminées : quant aux feux allumés en plein air, on les voit indifférens à toute direction, suivre le mouvement qui domine dans l'atmosphère.

Ce que nous avons déja dit des qualités du feu, peut bien donner

une idée de la cause de la chaleur,
mais il faut convenir qu'il reste encore quantité de difficultés à résoudre à ce sujet. Car quoique la chaleur & le feu paroissent étroitement unis ensemble, & que la chaleur ne soit qu'une indication de la présence & de l'action du feu ; cependant la chaleur que nous éprouvons en diverses situations, ne suffira jamais pour nous faire porter un jugement assuré, sur la nature du feu, son degré d'action & ses effets.

La chaleur est une qualité relative, dont on ne peut juger que par le témoignage variable & incertain des sensations. Si la main est pénétrée d'un froid violent, ce qui n'est que tiède lui semblera fort chaud ; au contraire si elle est très-échauffée, le même corps, à la même température, lui paroîtra froid. Le thermomètre nous apprend que dans les voûtes & les cavités souterraines, la température se conserve la même dans presque toutes les saisons de l'année, cependant nous

nous y éprouvons des senſations
toute différentes. L'air nous y paroît chaud en hiver & frais en été.
Il en eſt de même de tous les édifices ſolidement conſtruits & exactement fermés, dans leſquels l'air
extérieur ne pénètre pas aiſément,
& ne peut dès-lors y communiquer
les variations de température auxquelles il eſt ſujet. On l'éprouve
de la manière la plus ſenſible dans
l'égliſe de ſaint Pierre de Rome,
quoique ce ſoit le plus vaſte de tous
les édifices connus. Ces obſervations & mille autres de ce genre,
que l'on pourroit citer, montrent
évidemment que la ſenſation de
chaleur plus ou moins grande, ne
déſigne rien de certain ſur la préſence du feu & ſon activité actuelle,
elle tient plutôt à la diſpoſition
du corps qu'à la température de
l'air, ou à l'action du feu. L'Euro-
péen qui arrive au Sénégal ou dans
les régions ardentes des Indes orien-
tales & de l'Amérique, commence
par être étonné de voir les naturels

du pays & les anciens colons, fuc-
comber au poids d'une chaleur qui
lui paroît très-fupportable ; il ne fe
détermine qu'avec peine aux précautions qu'on lui indique comme
néceffaires , pour conferver la fanté
& même la vie dans ces climats :
il faut un certain tems pour que
l'air chaud qu'il refpire le jette dans
un abattement qui lui en faffe fentir la néceffité.

§. XIII.

Nouvelles recherches & expli-cations fur la nature & les qualités du feu.

L'académie des fciences de Paris
ne voyant dans tout ce qui avoit été
écrit fur le feu, pendant plus d'un
fiècle, rien qui donnât des notions
claires & diftinctes fur fa nature,
propofa pour le fujet du prix de
1738, *l'explication de la nature du
feu.* Le favant Euler de Berlin le
remporta. Suivons la marche de cet

habile écrivain, & voyons par quel moyen, il a rendu l'hypothèse de Descartes plus sensible & plus vraisemblable.

Parmi les différens phénomènes du feu, il s'attache principalement à examiner la propriété qu'il a de s'étendre, de se communiquer aux autres corps & de les enflammer. La difficulté de ce phénomène étant d'expliquer pourquoi & comment le feu produit la plus grande quantité de mouvement, sans rien perdre de celui qui lui est propre ; il faut trouver une modification de la matière, un état dans lequel une force, en apparence très-petite, peut produire une quantité très-grande d'action & de mouvement.

Nous commencerons d'abord par considérer ces effets du feu dans la poudre à canon, ou la même petite force nécessaire pour enflammer un grain de cette poudre, est suffisante pour causer l'incendie & l'explosion d'une très-grande quantité de cette même matière.

La cause de cette explosion est l'air ou tout autre fluide élastique fortement comprimé dans chaque grain de poudre, qui brisant les particules de la matière qui le resserre, s'échappe avec la plus grande impétuosité. Ainsi la force par laquelle le feu s'étend, se dilate & se multiplie, doit être distinguée, & même séparée de la force propre à la poudre à canon : car dans l'explosion de cette poudre, le feu ne paroît servir qu'à briser les barrières qui tenoient l'air ou le fluide dans un état de compression. Mais il est contraire aux premières loix de la nature, qu'une petite force produise un très grand effet ; & lorsque l'on en observe de semblables, il est nécessaire que la cause dont ils sont la suite soit renfermée dans la matière même, & cette cause ne peut être que l'élasticité.

Nous pouvons donc concevoir une matière très-subtile, très-élastique, très-propre à produire les effets du feu, que nous appellerons matière ignée, & nous donnerons le nom de matière combustible à celle qui contient le plus de particules de cette matière ignée ; elle sera d'autant plus combustible qu'elle contiendra sous le même volume, une plus grande quantité de ces particules ignées. De plus, il faut considérer la matière du corps & sa solidité, qui résiste plus ou moins à la force pénétrante, qui tend à le diviser & à le briser ; car de cette condition dépendent les différens degrés de combustibilité de la matière.

On aura donc du feu si une seule particule qui renferme la matière ignée vient à être brisée, parce que toutes les particules de la même espèce se dilateront & se briseront, la matière ignée fera une éruption impétueuse, & l'explosion durera autant qu'il y aura de particules remplies de cette matière ignée à se briser. On conçoit que l'explosion peut être ou simultanée, comme dans une grande quantité de grains de poudre qui

paroiſſent s'allumer au même inſtant, ou elle ne ſe fera que par
degré, à meſure que l'action du
feu extérieur facilitera le développement de la matière inflammable, renfermé dans les corps ;
ainſi qu'il arrive au bois qui brûle
dans les foyers.

Cette exploſion de la matière
ſubtile & élaſtique eſt donc ce qu'on
appelle le feu. Parmi les forces qui
peuvent l'allumer, on doit comp-
ter toutes celles qui ſont capables
de briſer les parties des corps remplies de cette matière ignée, dont
la première & la plus active eſt
le feu ſenſible. On peut donc déjà
conclure que les ſubſtances ſeules
qui renferment des particules ignées
& ſuſceptibles d'exploſion ſont inflammables, & propres à donner
au feu une exiſtence ſenſible. Voilà
pourquoi la poudre à canon tient
le premier degré parmi les matières inflammables ſoumiſes à nos
uſages ; car les conjectures que nous
pouvons former ſur la génération

des météores ignées nous indiquent qu'il y a d'autres substances qui le font à un degré bien supérieur, à en juger par la rapidité avec laquelle la flamme se développe & se porte au loin, ainsi qu'on le remarque dans quelques aurores boréales.

Mais si les corps contiennent une matière ignée dont l'explosion ne puisse pas être assez forte, pour causer une prompte division dans leurs parties intégrantes, ou si l'agent extérieur n'a pas assez de force pour occasionner la dissolution des parties qui renferment la matière ignée, alors le feu intérieur pourra avoir quelqu'action sur la matière qui le retient, & lui communiquer quelque mouvement : il en naîtra une chaleur sensible, produite par le mouvement intestin des particules ignées, ainsi qu'il arrive dans le frottement de deux corps durs l'un contre l'autre, qui n'est suivi d'aucune éruption. Cette chaleur diffère du feu proprement dit, en ce qu'il est une suite du

mouvement de ces mêmes particules ignées, avec explosion.

Delà on peut rendre raison pourquoi le feu s'éteint, si on le couvre d'une matière qui n'est pas
combustible : elle enveloppe les
particules ignées du corps ardent,
& se mêle avec elles de manière
que leur force d'explosion agissant
sur cette matière, s'use sans produire aucun effet. Le mouvement
se concentre d'abord & cesse enfin
par l'opposition constante d'un obstacle qu'il ne peut vaincre. Il n'y
a plus d'explosion dans le corps
inflammable, & dès-lors plus de
feu au moins apparent ; parce que
si les parties intérieures du corps
qui brûle ne font pas autant de
résistance au développement de la
matière ignée qu'elles contiennent,
qu'elle en trouve dans l'obstacle
extérieur qu'on lui oppose, alors
il s'y entretient un incendie sourd,
qui détruit entièrement le corps
dans lequel il se fait, sans qu'il
paroisse au dehors aucune marque

de feu. C'eſt ce qui arrive ſouvent
dans les bois ſecs d'une épaiſſeur
conſidérable : le feu les pénètre &
les conſume à leur centre, ſans
exploſion extérieure, la ſeule humidité de l'air, ou l'oppoſition d'une
ſubſtance un peu moins inflammable, ont ſuffi pour le concentrer.

Il faut donc que la matière avec
laquelle on veut éteindre le feu,
puiſſe ſe mêler avec la matière ardente & s'y attacher, car ſi elle
ne pénètre pas en quelque ſorte le
corps enflammé, ſi au moins elle
ne l'enveloppe pas, elle n'eſt plus
capable d'arrêter les progrès de
l'incendie. Ainſi nous voyons que
l'eau jettée ſur l'huile allumée, ne
l'éteint pas, à moins qu'elle ne
ſoit en aſſez grand volume pour
couvrir tout-à-fait l'huile ardente
& arrêter tout-d'un-coup le développement du fluide ignée en mouvement, parce que l'huile de même que les autres ſubſtances graſſes & inflammables, ne peut pas
s'unir avec l'eau. C'eſt ainſi que le

O v

foufre plongé dans les nuées les
plus humides , ne laiffe pas de s'y
allumer , quand il eft exalté à un
certain point & qu'il peut fe développer ; s'il fait éruption par
quelque côté ouvert des nuées, on
voit briller les éclairs, s'il les bri-
fe, la foudre en fort : fi l'humidité
eft trop forte, fi la nuée trop épaiffe
réfifte à fes efforts, il s'éteint avec
une détonation dont le bruit eft
proportionné à fa quantité, & à
l'étendue de la nuée fur laquelle
il agit.

Le feu s'éteint donc d'autant
plus promptement que les fubftances non combuftibles qui l'enveloppent font plus denfes ; parce
que fa force d'explofion eft enfin
réduite à l'état d'inertie par la denfité & le poids de ces fubftances
fur lefquelles elle fe confume en
efforts inutiles. Par la raifon contraire, l'air , quoique de fa nature
il ne foit pas inflammable, n'eft
cependant pas propre, à caufe de
fa grande ténuité, à éteindre le feu,

à moins qu'il n'agisse avec une impétuosité très-grande, & à raison
de tout son poids, parce qu'alors
son action devient égale à celle des
corps les plus pésants & les plus
denses. L'air même est nécessaire
pour la conservation du feu; une
chandelle s'éteint sous le récipient
de la machine pneumatique, dès
qu'on a pompé l'air, parce que sa
flamme n'est entretenue que par les
particules ardentes de la cire ou
du suif, que l'air rassemble & retient également autour de la mèche, où est le centre de la chaleur & de l'éruption; on les voit
comprimées par l'air extérieur se
réunir & monter à la flamme qu'elles nourrissent. Ces mêmes particules fondues par la chaleur, & n'é-
tant plus comprimées par le poids
de l'air ambiant, se dissipent de
tous les côtés, & la substance man-
que à la flamme qui meurt. L'air
agissant trop vivement sur la chandelle, l'éteint par un effet contraire : Il emporte les parties phlo-

giftiques & les empêche de fe raffembler autour de la mèche, où il
les comprime tellement qu'elles ne
peuvent plus conferver le degré de
folution qui leur eft néceffaire pour
fournir au feu un aliment qui le
conferve.

Ainfi l'on conçoit que l'air néceffaire à la confervation du feu,
ne doit être ni trop denfe, ni trop
rare, il ne lui eft jamais plus favorable que lorfqu'il eft fec & calme. C'eft pourquoi fi, lorfque le
feu s'allume dans une cheminée,
on bouche l'ouverture inférieure
avec de la paille mouillée, ou
quelqu'autre matière qui empêche
la fumée de fortir & l'air de pénétrer par le bas, la flamme eft
étouffée affez promptement, parce
que l'épaiffeur de la fumée & le
poids de l'air fupérieur, ôtent à
l'air renfermé dans la cheminée
toute fon élafticité, & il agit alors
fur le feu à la manière des corps
les plus denfes.

§. XIV.

Fluidité du feu. Flamme & fumée.

De tout ce que nous avons dit jusqu'à présent sur la nature & les propriétés du feu, il résulte qu'il est un fluide : plusieurs des qualités des autres fluides lui conviennent, telles que la mobilité des parties & leur ténuité, mais d'un manière qui lui est propre. Car ce que le feu a de plus remarquable, c'est qu'il communique ces mêmes qualités à la plupart des corps sur lesquels il agit, au point qu'il se les assimile au moins en apparence, & qu'après quelque tems, ils ne font plus avec lui qu'un même corps. Il donne sa mobilité à toutes leurs parties, & il les atténue assez pour qu'elles ne conservent plus rien de leur première forme. Dans cette opération le feu extérieur & sensible ne fait que développer une au-

tre matière ignée, invisible, répandue dans les pores de toutes les
subftances inflammables, qui y ref-
toit dans un repos forcé; mais
fecondée par l'action du feu extérieur, cette matière fubtile fe raréfie affez pour brifer les parties
folides des corps qui la compri-
moient. Elle s'en dégage en les divifant, & devient un nouvel ac-
croiffement au feu, dont elle augmente la force & le volume : elle
accélère par ce méchanifme la deftruction du corps d'où elle eft fortie qui renferme encore d'autres
parties d'une matière femblable.
Plus le corps inflammable fait de
réfiftance à fa décompofition, plus
l'action du feu eft vive; elle n'eft
quelquefois qu'une fuite d'explofions. En d'autres circonftances cette
matière trouve fi peu de réfiftance,
qu'elle fort à la plus légère impul-
fion du feu extérieur. Ce font ces
difpofitions différentes qui rendent
les corps plus ou moins combuftibles : mais d'ordinaire de cet état

de diſſolution & de mouvement,
il réſulte une augmentation de feu
ou de flamme, que l'on peut regarder comme une multitude de petits traits de feu ſi rapprochés qu'ils
ne paroiſſent former qu'une ſeule
maſſe d'un fluide très-agité. On
doit donc conſidérer les corps com-
buſtibles, comme formés de pluſieurs couches de matière, que le
feu doit enlever les unes après les
autres, & dont chacune eſt com-
poſée d'une infinité de points ou
de particules fort déliées, qui lorſqu'elles ſe diſſolvent, s'élèvent en
petits traits de feu ſi preſſés entr'eux qu'ils ne forment plus qu'une
flamme, qui ſe ſoutient autant que
dure le développement des parties
d'où elle tire ſon origine. Elle ceſſe
dès qu'il ne s'en trouve plus ſur
leſquelles le feu agiſſe, ou lorſque
ſon mouvement eſt arrêté par quelqu'autre corps non inflammable,
d'où s'enſuit l'anéantiſſement de
la flamme, & la deſtruction du feu
ſenſible.

Pour l'entretien & la conservation de tout fluide confidéré dans fon état de mouvement, il faut, 1°. Eloigner tout ce qui peut faire obftacle à fon cours. 2°. Qu'à mefure qu'une partie du fluide s'écoule, une partie nouvelle fuccède fans interruption à l'entretien : c'eft ainfi que les fleuves coulent; c'eft par la même méchanique que le feu fe conferve. Il faut en éloigner tout corps trop denfe qui pourroit empêcher le développement & le mouvement de la matière ignée; il faut lui fournir d'autres matières inflammables, qui remplacent fuccefïivement & fans interruption les parties des autres corps diffous, confumés & diffipés par l'action du feu. Car le feu n'étant fenfible que par le mouvement des parties ignées, & ce mouvement ne pouvant être continué que par la fucceffion de ces parties, il eft néceffaire pour l'entretien du feu, qu'une partie qui a communiqué fon mouvement à l'air ambiant &

qui s'évapore ensuite dans une fumée insensible, soit remplacée par
une partie qui agisse de même,
& ainsi successivement, tant que
la matière inflammable peut fournir de l'aliment au feu.

Remarquons encore qu'il y a une
différence essentielle entre le feu
& les autres fluides. Ceux-ci pres-
sent également les corps qui les
environnent, & tendent toujours
à se mettre de niveau : il n'en est
pas de même du feu, ce qui vient
de sa grande mobilité & de son
peu de pesanteur spécifique, respectivement aux autres fluides dont
il est environné. L'air par sa pression le rassemble toujours à un centre commun, où son activité répond
à la quantité des alimens qu'il
trouve. Ce centre change suivant
l'action de l'air, & le mouvement
qui y domine. Ainsi nous voyons
dans les incendies l'action des flammes suivre la direction des vents,
& secondée par ces agens forts &
puissans, attaquer & détruire les

édifices les plus solides, tandis qu'elles se sont éloignées d'autres matières très-combustibles, qu'elles auroient dû dévorer d'abord, si elles se fussent étendues librement sur tous les corps voisins des lieux où l'incendie s'étoit allumé.

La flamme n'est donc composée que d'une matière subtile & élastique dont l'explosion produit le feu sensible, c'est-à-dire que c'est un assemblage de petites étincelles semblables à celle de l'électricité, qui, en se développant, se réunissent & donnent une flamme plus ou moins active, relativement aux matières d'où elles sortent & au degré de chaleur qui les divise, & en exprime tout le fluide subtil & élastique. Mais parce que la flamme a une figure déterminée, & occupe un espace marqué autour du foyer d'où elle s'élève, il est nécessaire qu'un autre fluide élastique répandu par-tout, contienne par son action, l'expansion indéfinie de la matière subtile ignée, & la referre dans un espace donné. Ce fluide élastique ne peut être que l'air. D'abord il est repoussé par l'explosion de la matière ignée qui s'empare d'autant d'espace qu'il lui en faut pour s'étendre, jusqu'à ce que par sa réaction, l'air se soit mis en équilibre avec la matière ignée, ainsi l'espace occupé dans l'air par la matière subtile ignée fera la flamme. Ne peut-on pas dire que cette explication, semblable à la flamme qu'elle peint, est plus brillante qu'intelligible ? Elle nous donne une idée de son apparence, mais elle n'explique pas sa génération. Voyons s'il est possible d'y suppléer.

D'après les observations que l'on est à portée de faire sur la flamme, de quelque substance qu'elle sorte, ne peut-on pas dire qu'elle est une fumée ardente & fort raréfiée, qui prend sa direction en haut par la pression de l'air qui l'environne de tous les côtés ? On conçoit que les molécules ignées, invisibles, tant qu'elles font renfermées dans le fluide épais ou fumée, venant à fe rapprocher, fe dilatent, fe raréfient & prennent un mouvement très-accéléré; c'eft en cela que confifte l'incendie ou le développement des particules de feu dont la réunion forme la flamme. Cependant comme la matière combuftible ne l'eft pas quant à fa fubftance entière, & que la fumée charie dans fon cours quantité de parties acqueufes & terreufes, qui de leur nature ne font pas inflammables, il faut que fes parties ou foient extrêmement raréfiées, ou au moins foient divifées en particules infenfibles qui fuivent le mouvement progreffif que leur donne la flamme. Les plus pefantes & les moins divifées, retombent entraînées par leur propre poids & reftent au fond du foyer. Ce font les cendres, réfidu terreux ou pouffiere chargées de plus ou moins de fels que dépofent les fubftances végétales, animales, ou

minérales, confumées par le feu
ou calcinées.

Ainfi dès que toutes les parties
de la matière inflammable ont acquis le degré de mouvement néceffaire pour le développement des
molécules ignées qu'elles contiennent, elles font éruption, fe raf-
femblent avec bruit, & la flamme
paroît. L'éther ou le fluide fubtil
doit être regardé comme le moyen
principal de cette éruption conti-
nuée, il pénètre plus aifément les
pores des fubftances immédiatement deftinées à entretenir le feu,
& détermine toutes les particules ignées qui y font contenues, à
fuivre le courant que la flamme s'eft
établi au milieu de l'air qui la foutient dans la direction qu'elle a de
bas en haut.

La flamme plus active que la
fumée dans la diffolution de la matière qui l'entretient, en fépare
beaucoup plus vîte toutes les parties, qui par conféquent devroient
occuper dans cet état de diffolu-

tion très-prompte, plus d'eſpace
qu'elles n'en occupent par une diſſolution plus lente & qui ne ſe
fait que par degrés. Cependant la
flamme eſt toujours d'un volume
beaucoup plus petit que celui de
la fumée dont elle a été précédée ; phénomène que l'on doit attribuer à la rapidité de ſon mouvement : étant beaucoup plus raréfiée que la fumée, elle devroit effectivement occuper plus d'eſpace. Un
tiſon ardent dont on étouffe la flamme, produit un volume conſidérable
de fumée : Si on en ranime le feu,
il abſorbe tout d'un coup cette large colonne de fumée, & la raſſem-
ble dans un petit eſpace, ſous la
forme d'une flamme légère, tranſ-
parante, fort agitée : il n'y a point
alors de contraction de parties, au
contraire, la dilatation eſt beaucoup plus grande, mais le mouvement eſt infiniment augmenté.

L'eau peut ſervir ici à nous faire
entendre comment le feu coule ſous
un moindre volume, quoique ſa

matière ait acquis plus de raréfaction. La même masse d'eau qui a
coulé tranquillement par un lit large & bien ouvert, qui même a
inondé une vaste campagne, resserrée tout-à-coup dans un passage
étroit entre des rochers qu'elle ne
peut emporter, y passe cependant
toute entière sans que l'inondation
augmente dans les plaines supérieures. Ce n'est pas que les parties de
l'eau se condensent dans ce passage
étroit; chaque particule du liquide
occupe autant de place que dans
la plaine, c'est qu'alors ces parties
se pressant, accélèrent leur mouvement mutuel, & coulent infiniment plus vîte que dans la plaine,
où elles n'agissoient pas les unes
sur les autres avec autant de force.

Il en est de même de la fumée
comparée à la flamme, son mouvement lent & tranquille ne fait
que peu de résistance à l'air ambiant
qui la pénètre, & contribue encore
à son expansion; plus elle s'élève,
plus elle s'étend, parce qu'elle s'é-

loigne davantage du principe de
fon mouvement. Il n'en eft pas de
même de la flamme, dont le mouvement précipité réunit toute la
matière ignée la plus fubtile, &
occupe d'autant moins d'efpace,
qu'elle s'éloigne plus de fon foyer,
parce qu'ayant en elle-même le
principe de fon mouvement, il eft
plus raffemblé & plus vif à fa pointe
qu'à fa bafe. Prenons ici pour exemple la flamme d'une chandelle,
examinons-là, & nous verrons que
toutes fes parties bien qu'homogènes n'ont pas une femblable confif-
tance. L'incendie ne paroît pas être
complet à la bafe de fa flamme,
ce que dénote fa couleur obfcure,
beaucoup moins brillante qu'à fa
pointe. La raifon en eft que le
phlogiftique qui fe détache de la
maffe à mefure que la chaleur de
la flamme le met en mouvement,
ne s'allume parfaitement que lorfqu'il arrive au point où le mouvement eft le plus fort. L'incendie
& la raréfaction continuent donc

&

& augmentent de la base au sommet de la flamme, à mesure que
le phlogistique s'y porte en se développant. Mais comme la matière
ignée est plus rassemblée à son foyer,
elle agit plus fortement & en tout
sens sur l'air extérieur, & en supposant toutes choses dans leur état
naturel, elle doit avoir plus de
chaleur à sa base qu'à sa pointe.
Car si on détermine cette pointe
à frapper sur quelque corps, &
qu'on la force à y agir quelque
tems de la même manière, alors
elle devient très-active, & fond plus
vîte les métaux que s'ils étoient exposés au feu du foyer le plus ardent,
c'est ce que l'on appelle le feu de re-
verbère dont l'activité est si connue.

Si l'on demande pourquoi dans
le feu d'une même cheminée, &
souvent dans le même morceau de
bois, la flamme ne se réunit pas
& ne s'élève pas dans une seule
colonne? C'est qu'elle sort par dif-
férents points d'éruption. Comme
tout le tison est successivement

échauffé, & ne reçoit pas également la chaleur, le mouvement intérieur qui doit développer les particules ignées, n'est pas le même dans toute son étendue ; dès lors l'éruption se faisant par les endroits où le mouvement est le plus accéléré, il se forme différentes colonnes ou rayons de flammes. Si l'on manie un morceau de bois verd de quelque longueur, qui ait été assez long-tems dans le feu pour se bien échauffer, sans cependant s'enflammer, on sent que la chaleur y est fort inégalement répandue. Il est brûlant en quelques parties, & beaucoup moins chaud dans d'autres. Le phlogistique qui suit le cours de la vapeur échauffée dont ce bois est pénétré, est prêt à faire éruption dans des parties, & dans d'autres il n'est pas encore agité, ou il trouve trop d'obstacles pour se développer avec autant d'avantage. La même chose arrive dans les éruptions des feux souterrains qui se font à la surface

d'un sol léger, composé de matières susceptibles de différens degrés de chaleur, on les voit sortir
par colonnes de différentes grosseurs,
séparées les unes des autres, tandis
que si la même quantité de feu
n'avoit qu'une issue, elle suffiroit
à former un volcan.

La fumée sort de même que la
flamme des matières échauffées &
prêtes à s'enflammer, mais elle se
réunit plus aisément que la flamme, parce que son mouvement n'est
jamais aussi rapide. Ce fluide épais
& condensé, composé d'exhalaisons
& de vapeurs, entraîne dans son
cours beaucoup de molécules ignées
& une partie même de la substance
des corps mixtes desquels il s'élève,
déja divisée par le grand mouvement que la chaleur y a établi. Plus
le phlogistique trouve de difficulté
à se développer de la part des substances non inflammables dans lesquelles il est retenu, plus la fumée
est forte & s'élève rapidement. On
ne doit la regarder que comme une

raréfaction extrême des corps d'où
elle fort, au moment où commence
leur diffolution. Elle porte leur
odeur, leur goût, auffi loin qu'elle
s'étend, on en reconnoîtroit la fubftance, fi elle n'étoit pas auffi prodigieufement atténuée. Ce font les
molécules ignées qui, en fe dilatant avec effort, emportent une
partie des corps où elles étoient
refferrées. Une violente fumée eft
toujours accompagnée d'une multitude de petites explofions qui fe
fuccèdent & que l'on entend : elles
donnent lieu au développement de
quantité de particules de feu, qui
du milieu des exhalaifons & des
vapeurs qui les cachent, facilitent
le mouvement de la fumée qui,
fans elles, feroit très-lent, & ne
dureroit pas : parce que quand la
force de la première éruption feroit
affez active pour conferver la pro-
greffion de la fumée jufqu'à une
certaine hauteur, elle s'affoibliroit
promptement, & enfin feroit amor-
tie par la réfiftance qu'elle trouve-

roit dans la preſſion de l'air qui intercepteroit ſon mouvement, & l'anéantiroit en le diviſant. Mais la fumée renferme dans ſa maſſe un principe d'activité qui facilite ſon cours : plus elle eſt denſe, plus il eſt rapide : ce ſont les molécules ignées qui agiſſent ſur la matière non inflammable qui les environne ; leur exiſtence eſt annoncée par la chaleur de la fumée qui ſouvent eſt brûlante, elles éclatent, on les voit briller quand le mouvement eſt le plus rapide ; elles allument les matières légères & inflammables telles que le papier, les cheveux, le chanvre. C'eſt ce que l'on éprouve d'une manière bien ſenſible aux petites ouvertures des rochers que l'on rencontre en montant au ſommet du Véſuve. Si on approche la main de la fumée qui en ſort, la chaleur n'eſt pas ſupportable, & le papier y prend feu dans l'inſtant : ce que l'on doit attribuer à la proximité où ſont ces fumées du foyer d'où elles s'élè-

vent, & à ce que l'air extérieur ne les
a pas encore divisées, n'a pas diminué leur chaleur d'origine, ni celle
des molécules ignées qu'elles charrient avec elles : plus loin elles n'ont
plus aucune action. La colonne de
fumée qui sort presque continuellement de la grande ouverture du
volcan, n'est que tiède & non pas
ardente, aussi ne s'élève-t-elle qu'à
quelques toises au-dessus de son
orifice, ordinairement l'air la divise aussi-tôt & elle se dissipe.

Il n'en est pas ainsi de l'arbre de
fumée qui précède les grandes éruptions, & annonce un feu violent
allumé dans le fond du volcan. On
voit alors la fumée s'élever d'un
mouvement rapide sous la forme
d'une colonne opaque, dans laquelle on apperçoit des traits de
feu d'autant plus multipliés que son
cours est plus accéléré. La hauteur
de la colonne est relative à la
densité de la matière, à l'intensité du feu du foyer, & à son degré
de chaleur. Plus ces causes ont d'ac-

tivité, plus la fumée résiste de tems
à la pression de l'air extérieur. Enfin
elle se divise à son sommet & jette
des branches, du centre à la circonférence en toute direction, qui la
font ressembler à un arbre touffu dont
le feuillage est entremêlé de traits de
feu. Cet arbre se soutient pendant
plusieurs jours de suite, à proportion de la quantité des matières
qui servent à l'entretenir. Tout ce
que l'on peut en observer prouve
que son degré de chaleur, & le feu
qu'il renferme, sont la cause de son
mouvement de bas en haut : car
malgré sa densité apparente, toutes
les matières dont il est composé sont
dans une très-grande raréfaction,
qui est conservée par le développement suivi de toutes les molécules
ignées, qui se fait dans toute son
étendue. Cet arbre ainsi formé &
environné de la masse de l'atmosphère, cède enfin aux efforts de
l'air qui le presse de tous les côtés,
& forme un nuage qui, dans sa
naissance, tient au sommet de l'ar-

P iv

bres, & s'étend dans la direction
que lui donne le vent. Dans les
grandes éruptions on a vu ce nuage
dérober entièrement la lumière du
soleil, & répandre une obscurité
générale sur toute la côte de Naples
& fort loin au-delà. Il étoit alors
chargé de matières très condensées,
la plupart même solides ; un phlogistique abondant se développoit
dans toute son étendue, & produi-
soit une lumière effrayante, qui
sembloit menacer tout le pays d'un
incendie prochain.

Les différentes couleurs dont les
fumées paroissent teintes sont produites, ou par la qualité & la densité des matières d'où elles sortent,
ou par la manière dont elles sont
éclairées par le soleil, ou par la
quantité d'exhalaisons & de parties
ignées qu'elles charrient ; les vapeurs humides en sont toujours la
base. Les fumées des fourneaux à
chaux sont ordinairement blanches,
quelquefois je les ai vu teintes des
couleurs de l'arc-en-ciel fondues les

unes dans les autres. La nuit, ou dans un air épais & obscur, elles conservent une couleur rougeâtre, qui leur est communiquée par les rayons de la flamme qu'elles réfléchissent, ou parce que resserrées par un air plus froid qui empêche leur expansion, elles réagissent plus vivement sur les molécules ignées qu'elles contiennent, qui s'enflamment sans se porter cependant au dehors. C'est ainsi que dans les grands froids de Québec, on remarque que la fumée qui sort des cheminées est si condensée & si rouge, qu'on diroit que toute la ville est en feu.

Les fumées des soufrières sont ordinairement d'un blanc mat, & ont peu de densité & de chaleur, quand le soufre qui les produit n'est pas mêlé d'autres matières. Cependant elles divisent le papier sans le brûler ni le noircir, & le réduisent en parties insensibles qu'elles entraînent dans leur cours. Ces sortes de fumées sont d'un blanc lu-

mineux pendant la nuit, & reſſemblent aſſez à ces nuages brillans &
tranſparens qui ſont quelquefois un
des plus beaux phénomènes des aurores boréales. J'ai éprouvé que
quoiqu'au premier inſtant ces fumées paroiſſent aſſez chaudes pour
brûler, & former des veſſies ſur
les doigts que l'on préſente à l'orifice d'où elles ſortent, cependant on
s'accoutume inſenſiblement à cette
chaleur, qui même devient agréable : les veſſies diſparoiſſent en
frottant les doigts dans la fumée
qui les a fait naître, ſans qu'il en
reſte aucun veſtige ſur la peau.
L'odeur du ſoufre n'y a rien d'incommode. La fumée du Véſuve,
dans ſon état ordinaire, eſt blanche & très-humide, mais elle eſt
plus âcre & a plus d'action ſur la
gorge & les poumons, quoiqu'elle
n'excite aucun picottement dans les
yeux. Je ne me ſuis même pas apperçu qu'elle laiſſât aucun ſédiment
ſur les parois intérieures du volcan,
quoique la colonne en rempliſſe

toute la capacité. Ce que l'impétuosité du vent, qui la rabattoit au
nord, en laiſſoit voir à découvert,
lorſque je l'obſervai, étoit dans
ſon état naturel : on y diſtinguoit
les lits différens de pierres, de ſa-
bles, de terres, d'argiles, avec des
couleurs auſſi vives que s'ils euſſent
été nouvellement lavés.

Les fumées ordinaires ſont plus
noires, parce qu'elles ſont chargées
d'une quantité de parties des matières d'où elles ſortent, réduites
en charbon ; ce qui eſt cauſe qu'elles
abſorbent tous les rayons de la lumière. C'eſt pour cela qu'elles noir-
ciſſent tous les corps qui ſe trouvent
à leur paſſage ; elles y dépoſent ces
particules de charbon, qui s'y attachent d'autant plus étroitement,
qu'elles ſont mêlées de particules
ſalines, bitumineuſes, ſouvent oléa-
gineuſes, qui ſont âcres & péné-
trantes. Cette fumée fait ſortir les
larmes des yeux qui en ſont frappés ; elle en contracte les fibres ex-
térieures, & preſſe les glandes qui

P vj

servent de réservoir à l'humeur lachrimale, qui est contrainte d'en sortir. Ces corpuscules qu'entraîne la fumée sont si âcres, qu'ils communiquent une amertume sensible à tous les comestibles qui y sont exposés, & contribuent à leur conservation, soit en éloignant les insectes destructeurs qui ne peuvent supporter cette âcreté, soit en les couvrant d'un enduit bitumineux & ténace, qui empêche que l'air n'agisse sur eux & ne les dissolve. Les fumées des tourbes que l'on brûle en Hollande sont d'un jaune obscur, & répandent cette couleur sur toutes les matières où elles s'attachent: leur odeur est fétide & se communique non-seulement à l'air, mais même aux alimens que l'on fait cuire au feu des tourbes. Celles du charbon de terre dont on use en Angleterre sont noires, âcres, peut-être encore plus malsaines que toutes celles dont nous venons de parler, à raison des parties arsénicales dont elles sont chargées.

§. XV.

Poids du feu.

Le feu, quel que nous le concevions, est matière dès qu'il est sensible, & qu'il agit sur la matière de façon à connoître ses effets, à les voir & à les suivre dans leurs progrès. Mais on n'a pas encore déterminé quel étoit son poids, respectivement aux corps mixtes les plus légers & les plus simples, étant sans doute infiniment plus léger, plus simple, plus mobile, plus actif, puisqu'il communique ces propriétés aux corps qu'il pénètre le plus intimement. Cependant différentes expériences semblent prouver qu'il est pesant, & que lorsqu'une certaine quantité de feu s'allie aux corps qu'elle pénètre, elle augmente leur poids. On sait que cent livres de plomb calciné à un feu violent, fournissent cent dix livres de minium. Les

ouvriers qui calcinent l'étain, ob-
ſervent que la chaux qu'ils en tirent
acquiert un douzième en-ſus du
poids de l'étain. M. Geoffroy prit
deux onces d'étain vierge qu'il calcina douze fois de ſuite avec toute
l'attention poſſible, & l'augmentation du poids fut de deux dragmes & cinquante-ſept grains. Deux
onces d'un autre étain fin calciné
douze fois, augmentèrent en poids
de deux dragmes & quarante-huit
grains. Deux onces d'étain de Banca
ſoumis à une ſemblable opération,
augmentèrent de trois dragmes &
douze grains ; & deux onces d'étain
commun perdirent quinze grains
de leur poids après douze calcinations (*a*). Voilà des réſultats différens d'une même opération qui
prouvent que le feu augmente le
poids des métaux. Les mêmes expériences faites ſur des métaux mis
dans des vaiſſeaux exactement fermés, ont donné des réſultats ſem-

____

(*a*) *Mém. de l'acad. an.* 1738.

blables. Deux onces de raclures d'é-
tain mises dans une retorte hermétiquement fermée & exposée pendant une heure & demie à une flamme de soufre, la plus grande partie
de l'étain se convertit en chaux, &
on trouva que son poids étoit augmenté de quatre grains & demi. La
même expérience faite dans une
retorte de verre hermétiquement
fermée, & exposée pendant deux
heures au feu de l'esprit de vin,
a donné un produit tout semblable.
Une once d'antimoine martial, calciné à un feu très-violent, augmenta du poids de deux dragmes;
une once de platine exposée pendant quatre heures à un feu très-
violent, dans un creuset fermé,
son poids augmenta de six grains.
La chaux de l'or très-pur, mise en
dissolution dans l'eau régale, pèse
un tiers de plus que l'or que l'on a
employé (a).

____

(a) C'est ce que l'on appelle *l'or fulmi-*
nant. On en étend la dissolution dans une

Que conclurre de toutes ces expériences, sinon qu'il se peut faire
que dans ces sortes de calcinations,
les parties les plus subtiles de l'a-
liment terrestre du feu, de quelque
nature qu'elles soient, peuvent s'insinuer avec le fluide ignée, pénétrer
les vases de verre ou les creusets,
s'unir avec les métaux, & dès-
lors l'augmentation de leur poids
devra être rapportée à ces matières
& non au feu lui-même : ainsi on
ne devra pas en inférer nécessai-

---

grande quantité d'eau : on y verse peu à
peu une solution alcaline jusqu'à ce qu'elle
ne précipite plus rien. La chaux qui se
trouve au fond du vaisseau est jaune.
Après l'avoir édulcorée, on la fait sécher
à l'ombre avec beaucoup de précaution.
Elle offre un phénomène inexplicable. Si
on en expose quelques grains à la chaleur,
ou si on leur fait seulement subir du frottement, il se fait une explosion violente,
& elle écarte en fulminant les corps dont
on la recouvre. . . . *Instituts de chymie de*
R. Spielmann, trad. par *M. Cadet. Paris*,
1770.

rement que le feu est pesant (*a*).
L'odeur empyreumatique que

(*a*) On trouve dans les mémoires de
l'académie des sciences (an. 1709.) quelques détails très-propres à éclaircir cette
question. « On a imaginé jusqu'ici que
» l'essence de la matière du feu consistoit
» uniquement dans une grande subtilité
» jointe à une extrême agitation, & selon
» cette idée, il est impossible de concevoir
» que quand elle est enfermée dans les
» pores de la chaux ou du régule d'anti-
» moine, ou enfin des autres minéraux qui
» augmentent de poids, par la calcination,
» elle ne perd pas tout son mouvement,
» & ne cesse pas d'être matière de feu. Mais
» M. l'Emeri le fils ajoute à sa subtilité &
» son agitation une figure particulière, de
» sorte que ni une autre matière qui au-
» roit autant & plus de subtilité & d'agi-
» tation ne seroit matière de feu, ni celle-
» là ne cesse de l'être, ou du moins d'être
» très-disposée à le redevenir, quoiqu'elle
» ait perdu une partie de son mouvement.
» Il est vrai qu'elle ne doit pas le perdre
» tout-à-fait, & pour lui en conserver ce
» qui lui est nécessaire, on peut concevoir
» qu'elle agit toujours contre les petites
» cavités des corps où elle est emprison-
» née, & qu'une matière beaucoup plus

prennent toutes les eaux diftillées, ne permet pas de douter que les parties alimentaires du feu ne pé-

---

>> fubtile & plus agitée qui remplit tous
>> les vuides de l'univers, & ne trouve
>> point de pores fi étroits qui ne lui laif-
>> fent un libre paffage, coule inceffam-
>> ment dans les lieux où elle eft enfermée,
>> & entretient fon mouvement. Elle n'en
>> a pas affez pour forcer fes prifons, mais
>> elle eft toujours en état de joindre fon
>> action à celle de quelque agent extérieur
>> qui viendra la fecourir. C'eft ainfi que
>> dès que l'eau vient diffoudre la chaux
>> vive, & en défunir les parties, la ma-
>> tière de feu qu'elle renfermoit s'échap-
>> pe de toutes parts, & caufe une violente
>> efferveſcence. . . >>

    « Si l'on demande pourquoi cette ma-
>> tière, que la calcination a fait entrer
>> par les pores d'un corps, n'en fort pas
>> par les mêmes pores après la calcination,
>> M. l'Emeri répond que l'action du feu
>> raréfiant tous les corps, comme on le
>> fait par expérience, elle rend, tant
>> qu'elle dure, leurs pores beaucoup plus
>> grands, & que quand elle vient à ceffer,
>> elle leur permet de fe retrécir, & par
>> conféquent d'emprifonner dans les pe-
>> tites cavités ce qui y avoit pénétré. >>

nètrent avec lui dans les corps.
Mais ce qui pourra donner quelque
doute à ce sujet, c'est que le feu
du soleil, le plus pur que nous
connoissions, augmente le poids
des métaux qu'il calcine. Du plomb
exposé au foyer d'un grand miroir
ardent, s'y liquéfia, se calcina ensuite & se vitrifia : quoique dans
cette opération il eût jetté beaucoup de fumée, son poids se trouva
néanmoins augmenté. Une livre
de régule d'antimoine enfermée
dans deux vases, l'un de terre,
l'autre de verre, exposés de même
au foyer d'un miroir ardent, le régule donna une fumée blanchâtre
& épaisse, & une heure après cette
poudre s'étant pour ainsi dire con-
vertie en cendres, elle avoit acquis
un dixième en-sus de son poids. A
ne considérer les choses que comme
elles se présentent à la première
vue, on en conclura que le feu est
pesant, puisque celui du soleil, de
même que le feu ordinaire augmentent le poids des matières qu'ils

ont pénétrées le plus vivement, dont ils ont changé la forme en diviſant leurs parties. Mais dans toutes ces opérations le poids ne s'accroit-il pas plutôt par l'acceſſion de ſubſtances étrangères qui s'aſſimilent au corps réduit en pouſſière, en chaux, ou vitrifié, que par la préſence du feu & ſon poids prétendu, puiſque la peſanteur de ces corps ſe trouve la même, lorſqu'ils ſont tout-à-fait refroidis & qu'ils ſont dans un repos parfait (a).

______

(a) V. Muſſenbroeck, §. 1578. 79. & 80. édit. *in-4°.* Paris 1769, & le petit traité de M. Boyle *de ponderabilitate flamma*, où les expériences qu'il a faites ſur différens métaux, ſe rapportent toutes à prouver qu'ils augmentent de poids, ſoit dans la calcination, ſoit dans la vitrification. Ce qu'il remarque de plus, c'eſt que les métaux déja calcinés, & expoſés de nouveau à l'action d'un feu auſſi violent, prennent encore quelqu'augmentation de poids.

§. XVI.

Résultat des observations sur l'essence & les caractères du feu.

Les observations & les expériences que nous avons rapportées jusqu'à présent, nous déterminent à rassembler sous un même point de vue, tout ce qu'elles nous apprennent de plus précis sur le feu, son essence & ses caractères.

Le feu pur, libre, & non combiné, le feu élémentaire, tel qu'on le conçoit répandu dans toute la matière, sous quelque modification qu'on se la représente, & qui entre dans la composition de toutes les substances, de tous les êtres visibles, paroît un assemblage de particules d'une matière simple, homogène, & absolument inaltérable. Ces particules sont infiniment petites & déliées, détachées les unes des autres, & mûes en tout sens par un mouvement continuel, très-rapide, qui leur est essentiel. Il pénètre tous les corps quelque denses qu'on les suppose, & il s'en sépare de même, ce qui prouve la petitesse infinie de ses parties intégrantes, & explique pourquoi il se distribue également, quand il n'est point déterminé par quelque cause particulière, à pénétrer un corps, en plus grande quantité qu'un autre. Toutes les substances de quelque nature qu'elles soient, placées dans un même endroit, se mettent au degré de chaleur qui y domine. Cependant il y a des corps qui en sont plus susceptibles les uns que les autres, ce qui est occasionné par la disposition actuelle des parties intégrantes, & par la facilité que trouve la matière ignée à s'y introduire & à s'y développer, mais aussi elle s'en échappe de même. Une barre de fer échauffée conserve sa chaleur bien plus long-tems qu'un morceau de bois : le fluide ignée y a pénétré plus difficilement, &

dès-lors il s'y conserve plus long-tems.

Il faut encore que cette matière soit en quantité suffisante, ou que l'agent qui la détermine à se développer soit assez actif, pour que l'on éprouve la sensation de la chaleur. Une bougie allumée n'est pas capable d'échauffer une grande chambre, plusieurs l'échauffent à la longue, & rendent en même-tems de la chaleur & de la lumière ; elles agissent sur le fluide subtil répandu dans l'air, elles le développent & le mettent en action par la nouvelle matière ignée & propre à produire la chaleur qu'elles y portent, car plus elles brûlent long-tems, plus la sensation de la chaleur devient forte. Cependant la chaleur & la lumière sont deux modifications d'une même cause absolument distinguées. Un grand incendie répand une grande lumière & une forte chaleur, mais la lumière se propage plus loin que la chaleur, parce que l'air chargé de vapeurs froides & transparentes, intercepte le grand mouvement d'où résulte la chaleur, & le concentre autour du lieu de son origine, tandis que ces mêmes vapeurs contribuent à la propagation de la lumière.

Il n'y a donc que la chaleur qui soit un signe certain de la présence du feu, car la lumière ne l'est pas : le froid mortel du sommet des Andes est éclairé par la lumière du soleil la plus vive & la plus pure ; mais l'air y paroît dépouillé de tout phlogistique. On ne commence à s'appercevoir de son existence, qu'après que l'on a quitté le haut de ces montagnes, & à mesure que l'on se rapproche du niveau de la mer, où la matière du feu est si abondante, qu'elle y cause des sensations incommodes, & souvent nuisibles par son excès : ce qui indique que les principes élémentaires du feu, ne produisent la chaleur qu'autant qu'ils sont unis avec d'autres substances propres à donner cette sensation. Il n'y auroit aucun

lieu

lieu d'en douter, s'il étoit conftant
que le fluide électrique fût le véritable feu élémentaire, un élément
dans la fignification la plus ftricte,
& par conféquent un principe permanent qui fe manifefte fous la
forme d'un air très-fubtil, que l'é-
lectricité a découvert dans tous les
corps, qui fubfifte fans nourriture,
qui ne donne ni fumée ni cendres:
dans ce cas ce feu feroit diftingué
du phlogiftique univerfel, il ne
feroit ni chaud ni froid, mais au
degré de la température des corps
dans lefquels il circule. Le feu confidéré fous cet afpect, n'eft-il pas
la caufe du mouvement du phlogiftique ? la modification la plus fubtile de la matière, très-fenfible par
fes effets, mais qui ne tombera jamais fous les fens, quoiqu'elle
puiffe agir feule fur les corps foumis
à fon action. C'eft par l'action de
cette matière vraiment fubtile, que
le célèbre Francklin a fondu des
épingles, des aiguilles, de l'or &
du verre, fans aucune chaleur per-

ceptible dans ces corps au moment même de la fufion. Comme on l'a attribué à l'action du feu, on cite ces nouvelles expériences en preuve que le feu n'eft ni chaud ni froid. Il y auroit donc dans la totalité de la matière dont cet univers eft formé, une modification de la matière plus fubtile que celle du feu, & qui produiroit les mêmes effets : ce font des découvertes à faire qui peut-être changeront un jour tous les fyftêmes de phyfique, l'ordre même des fenfations, & qui établiront de nouvelles loix pour expliquer les effets de la nature ; il feroit à fouhaiter que les expériences de M. Francklin euffent été faites au foyer d'un miroir qui eût réuni les rayons de la lune : alors on n'auroit pas douté de la force de ce fluide fubtil, indépendamment de celle de toute matière ignée. Les effets prodigieux des grands miroirs ardens, prouvent affez que la matière fubtile eft la véritable caufe du feu. Les rayons de lumière fe

croissant au foyer de ces miroirs,
les petits tourbillons de la matière
éthérée, dont ces rayons sont composés, doivent changer leur mouvement circulaire en divers sens,
& tendre à se mouvoir tous dans
la même direction; c'est-à-dire selon l'axe du cône de lumière réfléchie; ce qui les réunit & leur donne
la force de percer & d'ébranler les
parties des corps sur lesquels ils
tombent, de les dissoudre & de les
enflammer. Mais avant les expériences de M. Francklin, on ne
connoissoit point de matière assez
subtile pour diviser les corps ou
fondre les métaux, qui ne fût en
même-tems au plus haut degré de
chaleur; ou bien auroit-on ignoré
le méchanisme de cette opération :
les mêmes rayons de matière éthérée
ayant toute leur force pénétrante,
en vertu de la ligne droite dans laquelle ils agissent, ne changeroient-
ils pas de direction dès qu'ils sont
embarrassés dans les corps qui les
arrêtent, & ne prendroient - ils

pas un mouvement circulaire ou de tourbillon, d'où résulteroit la chaleur la plus vive ? (*a*)

(*a*) C'est aux expériences nouvelles que l'on doit la connoissance de la force d'impulsion du fluide éthérée qui devient si lumineux dans les rayons du soleil. M. Homberg a observé que s'il exposoit à l'action de ce fluide réuni au foyer d'un miroir ardent, une matière fort légère, telle que l'amiante, elle étoit renversée par les rayons du foyer de dessus le charbon qui la portoit, à moins qu'elle ne fût présentée fort doucement & une partie après l'autre, de sorte qu'elle ne fût point heurtée trop rudement, ni dans toute sa surface à la fois, par l'incidence du rayon. Le même M. Homberg ayant redressé un ressort de montre, & en ayant engagé un bout dans un bloc de bois, il poussa par secousses réitérées contre le bout libre du ressort le foyer d'une lentille de douze à treize pouces de diamètre, & il vit que le ressort faisoit des vibrations fort sensibles comme si on l'avoit poussé avec un bâton. Cette force de la matière essentielle du feu élémentaire, peut servir à prouver la pesanteur qu'on lui a trouvée par d'autres expériences. Elle peut encore donner une idée de l'impulsion générale de ce fluide sur tous les corps répandus dans l'univers,

Quoi qu'il soit de ces conjectures, nous ne connoissons point d'agent dont la puissance égale celle du feu, dont la force est probablement unie à celle de ce fluide très-subtil. C'est par une suite de cette union que nous regardons le feu comme faisant partie de la matière, étendu, divisible, impénétrable, mobile, pesant même, s'il étoit possible de le considérer seul & sans rapport avec les corps sur lesquels il agit. Nous concevons donc le feu comme essentiellement fluide, ainsi que nous l'avons établi plus haut; & comme la cause de la fluidité de tous les autres corps. Nous avons eu plus d'une occasion de le prouver dans la théorie générale de l'air, relativement à son action sur l'air de tous les climats connus de la terre, dans les températures les

dont il entretient l'harmonie propre & relative. *V. les mém. de l'acad. des sciences,* an. 1708.

Q iij

plus froides, comme dans le centre de la zone torride. Si le feu n'étoit pas répandu par-tout, dans les profondeurs de la mer, comme dans la vaste étendue de l'atmosphere; s'il ne contrebalançoit pas par sa fluidité, la tendance naturelle qu'ont toutes les parties de la matière, les unes vers les autres; elles s'uniroient toutes ensemble, & ne formeroient qu'une seule masse immense, homogène & d'une dureté absolue.

De-là on peut donner au feu une certaine étendue, plus intellectuelle que sensible, puisqu'il existe dans tous les corps, mais d'une manière qui n'est visible que par ses effets & le mouvement qu'il y conserve. Il est divisible, ou plutôt extrêmement divisé; impénétrable, parce qu'aucun corps ne le peut pénétrer & qu'il les pénètre tous : son impénétrabilité n'est donc pas la même que celle qui est reconnue dans le reste de la matière. Nous avons vu sous quels prétextes on

lui attribue de la pesanteur : mais
n'est-on pas plutôt fondé à ne lui
en reconnoître aucune ; car on ne
peut jamais concevoir le feu réduit
à cet état d'inertie, où tombent
toutes les matières essentiellement
graves. Si on peut lui supposer quelque poids, il tient plutôt aux substances auxquelles il est uni, ou
dans lesquelles il est caché, qu'à
sa nature.

Il semble que l'on se trompe
toujours quand on parle du feu ;
on prend les incendies quelconques
& leurs effets, pour le feu lui-même, ainsi on lui suppose de l'étendue, du poids, de l'impénétrabilité, & ce sont les matières enflammées qui ont ces qualités ; dès que
le feu en action les a détruites, il
cesse d'être sensible. Mais on n'en
est pas moins persuadé de son existence : nous n'avons pas besoin de
le chercher hors de nous même, il
y existe essentiellement ; il ne faut
que le mettre en action pour en
ressentir les effets. Un froid subtil

& violent peut le concentrer au point d'intercepter tout mouvement, & de causer la mort, si on ne prévient pas les suites de cette violence étrangère, dès que l'on peut s'appercevoir de son invasion. Il arrive même que sans avoir pris aucune précaution, après avoir été quelque tems exposé à un froid nuisible, le mouvement intérieur concentré acquiert assez de force pour réagir au-dehors, & faire succéder une chaleur douce & naturelle, à la sensation incommode & piquante du froid qui l'avoit précédée, quoique l'on soit resté dans la même situation où l'on étoit; ce qui est la preuve la plus sensible de la réalité du feu intérieur qui nous anime. Dans le tems des plus grands froids, lorsque l'on s'agite ou qu'on travaille de force, ce feu se développe, on ne soufre point de la rigueur de la température, & la chaleur qui en résulte est plus agréable, se soutient plus long-tems, que la chaleur artificielle que l'on se procure

en se tenant près d'un grand feu.
Il n'est pas besoin pour cela d'une
force extraordinaire, chaque indi-
vidu en a assez pour jouir de ce
bienfait de la nature, il ne faut que
la mettre en usage, & ne pas se
laisser subjuguer par l'espèce d'horreur qu'imprime un froid rigoureux ; en y cédant on augmente sa
force.

Quelle est donc l'essence du feu ,
de cet élément qui se modifie de
tant de manières différentes ? il
semble que ce soit un secret que la
nature s'est réservé , & que les recherches les plus exactes n'ont encore pu découvrir. Ce que l'on en
peut dire, c'est qu'il est le phlogistique, le fluide subtil répandu
dans toute la matière, le premier
élément de Descartes, le principe
de la lumière & de la chaleur, le
fluide électrique que les nouvelles
expériences nous ont appris à connoître, dont la subtilité est au-
dessus de toutes les combinaisons.

L'action du feu, dans les procédés de la nature, est comparable à l'action de la pensée dans les opérations de l'ame. Dans l'instant on se représente, on voit intérieurement un objet connu, quoique situé à une très-grande distance: ainsi le mouvement du fluide subtil ou du feu, entretenu par un premier principe, se conserve partout & agit avec la plus grande rapidité. C'est donc moins le feu qui est inconnu que le principe qui le fait agir, dont l'action est simple & une, que l'on ne connoîtra jamais: principe adorable, mais incompréhensible à la foiblesse de l'intelligence humaine. Pour le comprendre il faudroit le saisir dans son unité, & on ne peut s'en faire une idée que par abstraction, & dans ses effets considérés séparément les uns des autres. Cependant que cette impossibilité n'arrête point nos recherches; elles seront toujours utiles quand elles ne serviroient qu'à nous faire admirer cette puissance suprême qui dispose tout dans un

ordre si admirable, que notre perfection la plus réelle est d'en concevoir quelque distribution (a).

(a) Peut-être encore que ce qui nous
paroît si difficile à découvrir dans notre
terre, n'a aucune difficulté pour les habitans d'un autre monde. .. « Tout étant à
» l'usage des créatures intelligentes, &
» les hommes de cette terre ne pouvant
» profiter que d'un espace fort borné
» dans l'univers, il faut nécessairement
» qu'il y ait d'autres créatures intelligen-
» tes qui profitent du reste. * » Les habitans de Vénus & de Mercure n'ont probablement aucune difficulté à connoître
la nature du feu : nous ne pouvons que la
soupçonner ; ceux de la lune ne doivent
en avoir aucune idée. Ils ne sont pas embarrassés pour savoir si la cause de la lumière & de la chaleur est la même, où
si ce sont deux effets de deux causes distinguées : la qualité des vapeurs & leur connoissance les occupent davantage. Les exhalaisons & les vapeurs combinées avec
un fluide ignée très-subtil, en un mot les

---

* *Traité de l'infini créé*, par *le P. Mal-*
lebranche. Amsterdam 1769.

Q vj

§. XVII.

Phénomènes du feu ; preuves de son action.

Comme la grande subtilité des molécules ignées les dérobe à nos sens, & que cependant le feu se rencontre dans tous les lieux & dans tous les corps sur lesquels on peut faire des expériences; on ne sauroit découvrir qu'avec beaucoup de peine, & toujours imparfaitement, les caractères qui lui sont propres. La difficulté augmente en-

suites & les effets de l'évaporation générale, sont l'objet de nos recherches. Jupiter & Saturne sont trop éloignés de nous pour que ce qui exerce la curiosité des savans de ces deux mondes puisse nous intéresser. Nous parlerons encore moins de cette multitude de mondes dispersées dans l'étendue immense de l'univers, où il se doit faire des découvertes, dont nous ne pouvons même pas nous faire une idée.

core, parce qu'on ne peut point séparer la matière du feu de toute autre, la traiter seule, & l'examiner de façon à connoître distinctement sa nature. Ainsi tout ce que l'on peut en dire, ne concerne que les effets qu'il produit sur les corps. C'est à ces considérations seules que nous devons nous borner : mais que de phénomènes singuliers l'action spontanée du feu produit ! nous en allons rapporter quelques-uns.

Deux corps durs frottés quelque tems l'un contre l'autre s'échaufferont considérablement, & même s'enflammeront, ou au moins produiront des étincelles qui suffiront à allumer d'autres matières combustibles, sur-tout si ces corps sont secs, roides & divisibles : parce que 1°. plus ils sont durs, plus le mouvement qu'ils reçoivent par un choc mutuel affecte leurs parties, & facilite le développement du fluide ignée qu'ils contiennent. 2°. Plus ils sont roides & élastiques, plus aisément après avoir été fortement

comprimés, ils tendent à se remettre dans leur état naturel, &
c'est ce mouvement de réaction sur
eux-mêmes qui facilite le développement des molécules ignées, qui
ayant d'abord été vivement resserrées, s'échappent à mesure que le
corps élastique, comprimé, tend à
se remettre dans son état naturel :
elles peuvent même être entraînées
par le cours du fluide subtil qui
circule alors plus librement entre
les pores de ces corps. Le marbre,
le diamant, & plusieurs autres substances dures, dont les particules
sont plus solides & plus compactes
qu'élastiques, facilitent avec peine
le développement des particules
ignées qu'ils peuvent renfermer.
On fait briller le diamant en le
frottant avec rapidité, même contre
un corps souple & doux, il suffit
qu'il soit légèrement échauffé ; mais
il ne doit cet éclat qu'au fluide très-
subtil dont ses pores sont pénétrés,
& qui devient sensible à cause de
la transparence du diamant, tandis

qu'il est invisible dans le marbre
à raison de son opacité. 3°. Pour
que le feu devienne capable de
communiquer son mouvement à
d'autres corps inflammables, & de
les allumer, il faut que le corps dur
& roide dont on le veut faire sortir
soit divisible, & puisse perdre quelques-unes de ses parties dont la
chûte occasionne l'éruption de l'é-
tincelle : ainsi on tire plus aisément
du feu des angles d'un caillou, que
des parties les plus solides, parce
qu'ils se rompent plus aisément.
Les pierres à fusil en rendent beaucoup à cause de leur facilité à se
briser contre l'acier qui leur est
opposé. C'est par la même raison
qu'un couteau fortement appuyé
sur une meule à aiguiser s'échauffe
promptement, & si le mouvement
de la roue est accéléré, on voit les
étincelles en sortir en grande quantité, & assez ardentes pour allumer les corps légers & combustibles sur lesquels elles tombent.

Mais jamais le feu ne fait de

lui-même éruption hors de ces corps
durs, à moins qu'on ne l'excite par
quelque choc violent ; quoique fouvent il y foit renfermé en affez
grande quantité. La matière fubtile qui pénètre à travers les corps
les plus durs & qui fe répand dans
toute l'étendue de leur fubftance,
peut réunir les molécules ignées dans
quelques cavités qui s'y trouvent,
& les entretenir dans un mouvement
fourd, qui n'attend que l'action d'une
caufe extérieure pour fe développer
avec éclat. C'eft ce qui arriva au
mois de juillet 1768, à Ivri-fur-
Seine : la meule d'un rémouleur
qui repaffoit des uftenciles de cui-
fine, fauta en l'air toute en feu, &
fe partagea en mille morceaux,
avec un bruit femblable à celui
d'une boîte d'artifice à laquelle on
a mis le feu. Un des éclats, pefant
trois livres, paffa par-deffus un
petit bâtiment, haut d'environ quarante pieds, & tomba à dix-huit
toifes au-delà dans un jardin où
il caffa une branche de tilleul. Un

autre éclat du même poids s'éleva en l'air & retomba à peu de diftance de la meule : beaucoup d'autres morceaux fe difperfèrent aux environs, & une partie de la meule fut réduite en poudre. Il n'arriva aucun accident de cette éruption; le rémouleur ne fut point bleffé, il affura que la même chofe lui étoit déja arrivée.

Il ne faut qu'examiner le grais des rémouleurs, (*lapis cotarius*) compofé de parties d'une groffeur inégale, liées étroitement enfemble par un maftic naturel, vitreux, à travers lefquelles l'eau pénètre cependant à quelque profondeur, pour concevoir comment dans la formation de la pierre, il a pu s'y raffembler des parties de matière ignée dans une cavité qu'ont formée entr'elles des parties trop groffes & trop inégales pour fe rapprocher exactement. Elles préfentoient trop de réfiftance à la matière ignée pour qu'elle pût s'échapper, mais elle étoit entretenue dans fon mou-

vement d'origine par le fluide subtil, qui ne cessoit de s'insinuer à
travers les pores de la pierre. Le
frottement des instrumens de cui-
sine, communiqua assez de chaleur
à la surface extérieure de la meule,
pour qu'elle se communiquât au
foyer, qui étoit sans doute peu
éloigné. L'ardeur & l'agitation du
phlogistique enfermé augmentèrent,
& ne trouvant plus dans la pierre la
même résistance, elles la firent éclater en se développant, & produisirent
le même effet que celui de la poudre
à canon renfermée dans une mine.

Un phénomène semblable étoit
arrivé à Strasbourg, le 6 août 1762,
la meule d'un coutelier avoit éclaté
de même en parties de différentes
grosseurs, qui se portèrent au loin;
mais le coutelier, eu égard à sa
position différente de celle du rémouleur, fut grièvement blessé,
& la commotion qu'il éprouva fut
si forte qu'il en perdit la connoissance, qui ne revint qu'après qu'on
l'eut saigné du pied & du bras, &

qu'on lui eut fait des frictions d'eaux
fpiritueufes. Il ne fe fouvenoit
d'aucune circonftance de fon accident que d'un très-grand bruit qu'il
avoit entendu (a). N'eft-ce pas à
une caufe femblable qu'il faut rapporter le phénomène dont parlent
les mémoires de l'académie des
fciences (*an.* 1745. *hift. pag.* 16.)
où il eft rapporté que M. Du Hamel
ayant voulu faire fcier un miroir
de métal, dès que le trait de fcie
fut parvenu à une demi-ligne de
profondeur, le miroir éclata avec
bruit en plufieurs morceaux, un
defquels fut jetté à plus de deux
pieds de diftance.

Qui fait encore fi les carriers ne
font pas fouvent expofés à ces explofions de matière ignée ? Il en
périt beaucoup par des écroulements
fubits d'une partie des carrières dans
lefquelles ils travaillent. Ces chûtes

(a) *V. les mém. de l'acad. des fciences,*
an. 1762.

ne peuvent-elles pas être occasion-
nées par l'ébranlement que communique à toute la maſſe une de
ſes parties que le feu fait éclater.

Quoiqu'il en ſoit, ces faits prouvent au moins que le feu ſe trouve
par-tout , & circule dans les corps
les plus durs & les plus froids en
apparence. Ils ſont de même la
preuve de l'action de cet air ſubtil
ou fluide éthérée qui pénètre le
globe à la plus grande profondeur ,
qui ſert à entretenir le mouvement
du feu , & à conſerver la vie d'une
quantité d'animaux qui nous ſont
inconnus, mais dont l'exiſtence n'eſt
pas moins réelle : on a trouvé dans
des blocs de marbre très-épais des
animaux vivans. J'ai vu nouvellement, dans une pierre très-dure,
de deux pieds d'épaiſſeur , ſur cinq
à ſix de longueur, employée depuis
plus de cent ans au comble d'un
édifice, un gros ver vivant qui s'y
trouva lorſqu'elle fut caſſée. Il devoit y être enfermé depuis le tems
que la pierre s'étoit formée , & il

avoit sans doute eu le tems avant qu'elle fût tout - à - fait endurcie de s'y pratiquer une espèce de gallerie tortueuse de dix pouces au moins de longueur, qu'il avoit parcourue plus d'une fois. Il étoit gris, de la même couleur que la pierre, long d'un pouce & demi, épais comme les gros vers blancs que l'on trouve dans les arbres qui pourrissent sur pied, ou à leurs racines, & sans doute qu'il auroit encore vécu plusieurs siècles dans cette pierre, si on ne l'eût pas brisée : car il étoit renfermé de plus de six pouces dans la partie la plus solide de la pierre.

Aristote (*hist. anim. lib. 3. cap. 7.*) assure que les os du lion sont si durs, qu'en les frappant les uns contre les autres, on en tire du feu comme des cailloux. La plupart des bois durs qui nous viennent des Indes, produisent aisément des étincelles en les frottant. Le bois de candou dans les Maldives, quoiqu'il soit très-léger, s'enflamme si

on en frotte deux morceaux ensemble ; les naturels du pays n'ont
pas d'autre manière d'allumer du
feu quand ils en ont besoin. Quelques-uns de nos bois frottés l'un
contre l'autre prennent également
feu quand ils sont secs. On voit
quelquefois des incendies s'allumer
dans les forêts dont on ignore la
cause, qui peut-être doivent leur
origine à quelques branches sèches
qui, en se heurtant, s'échauffent
& s'enflamment par le développement des parties ignées répandues
dans leur substance. On vient d'en
avoir un exemple frappant au mois
d'août 1770. L'inondation du Danube ayant renversé deux arches
du grand pont de Vienne, une partie de bois à demi emportée hors
de son assiette, vacillante & poussée
par les ondes, mit, par son frottement continuel, le feu à des pilotis
auxquels elle touchoit, de manière
qu'une troisième arche fut consumée par les flammes le soir du 23
du même mois d'août.

Les végétaux à demi desséchés
& mis en tas, occasionnent des
incendies subits & presque toujours
imprévus, sur-tout lorsque le développement du phlogistique qu'ils
contiennent, est assez fort pour y
établir la chaleur nécessaire à la
fermentation qui précède la putréfaction. Plus le tas est considérable,
plus cet accident est à craindre,
parce que les parties inférieures
étant fortement comprimées par le
poids des parties supérieures, il en
résulte un choc des corps les uns
contre les autres, un mouvement
intestin qui suffit pour donner lieu
à l'éruption de la matière ignée,
& pour allumer un incendie très-
dangereux. La cause de ce phénomène se trouve dans l'état même
du foin lorsqu'il commence à sécher. Alors il est sujet à s'échauffer
& à s'enflammer ensuite s'il est en
tas, parce qu'il est rempli de différens esprits subtils, de vapeurs
aqueuses, d'exhalaisons salines,
sulfureuses & ignées. Celles-ci

cherchant à s'échapper des entraves
où les premières les retiennent,
passent d'une tige à l'autre, suivant
ainsi la pente naturelle qui les porte
à se débarrasser du poids des matières pesantes qui les resserrent &
arrêtent leur développement. Ces
esprits ignées, ou ce fluide vital
dont l'essence est le mouvement,
agissent différemment dans le foin
verd, dans le sec, & dans celui
qui commence à sécher. Dans le
foin verd qui est encore sur pied,
ces esprits circulent plus aisément
par les tiges différentes où ils trouvent une route marquée & plus
égale, que dans l'air ambiant, qui
tantôt est plus dense, tantôt plus
raréfié, & dont les courans changent de direction à chaque instant.
Ils coulent constamment par les
tiges disposées à recevoir leur action.
Ils y font dans une fluidité qui est
le principe de la vie des plantes,
de leur conservation, & de leur
accroissement; qu'elles ne doivent
qu'à la circulation active du fluide
qui les anime.   Il

Il n'en est pas de même dans le foin sec, qui ne conserve plus rien de ce fluide vital, soit qu'on l'ait séparé de la racine, & qu'on l'ait forcé à se dessécher, en l'exposant à l'ardeur du soleil & à l'action des vents, qui en ont tiré par l'évaporation l'humide radical, & les parties sulfureuses volatiles, pour n'y laisser plus que les parties terrestres & salines fixes : soit que la plante ne pouvant plus résister au choc continuel du fluide qu'elle renferme, le laisse échapper par ses pores dilatés, tant par la force de la chaleur répandue dans l'atmosphère, que par une suite du mouvement intérieur qui s'opère en elle ; elle se dessèche insensiblement, & ne conserve plus rien de cette humeur vivifiante qui l'animoit. Ainsi elle arrive à un état réel de mort ou d'inertie, c'est-à-dire qu'elle ne conserve plus en elle aucun mouvement ; elle ne peut contribuer, ni à le produire, ni à l'entretenir, elle ne peut que

Tome IX.   R

le recevoir d'une cauſe qui lui eſt tout-à-fait étrangère.

Mais l'herbe coupée qui commençoit à ſécher, que l'on a mis en tas, conſerve encore une grande partie du fluide vital qui ne s'en eſt point échappé. Il ne peut plus s'évaporer en l'air, il circule d'une tige à l'autre, & comme ces tiges à meſure qu'elles ſèchent diminuent de volume, elles ne peuvent plus donner qu'un paſſage étroit & embarraſſé au fluide ignée, qui parvient à ſe ſéparer de toutes les parties terreſtres & aqueuſes qu'il entraînoit dans ſon cours, ſe ſubtiliſe, & enfin venant à circuler ſeul, ſe porte d'un mouvement beaucoup plus accéléré dans les différentes tiges, les échauffe & les rend plus propres à ſeconder ſon action. Plus l'eſpace où eſt renfermé le centre de ce mouvement eſt étroit, plus le poids ſupérieur eſt conſidérable, plus la chaleur augmente, parce qu'alors la matière ignée devenant le seul principe du mouvement, fait d'autant plus d'efforts pour agir & se développer qu'elle trouve plus de résistance dans les corps qui la compriment. Si la fermentation est assez forte pour produire une grande raréfaction, si les particules ignées peuvent trouver assez d'espace pour se développer entièrement, il se forme un incendie d'abord caché, mais qui se manifeste bientôt par la fumée, produite par les matières ardentes dont le foyer est encore enveloppé, & qui en s'étendant devient très-dangereux. Le phlogistique moins comprimé suit la route que lui ouvre cette fumée, allume toutes les matières inflammables exposées à son action, & excite un feu d'autant plus violent, qu'il s'établit dans un amas de matières très-propres à l'entretenir.

Ainsi quand quelque fumée annonce un foyer d'incendie caché, il faut bien se garder d'aller d'abord à sa source pour l'éteindre;

on l'exciteroit bien plutôt qu'on ne l'arrêteroit. Ce que l'on doit faire dans ces occasions, est d'augmenter le plus promptement qu'il est possible le poids des matières qui empêchent le développement des particules ignées, & qui les resserrent au point d'intercepter leur action, & l'effet de l'incendie caché. Alors, quand la fumée a cessé, on peut avec précaution aller à la cause du feu, & la détruire en divisant les matières où il s'étoit allumé. On y trouve assez de chaleur pour s'assurer que le même principe d'inflammation y subsiste encore, Car ce n'est que le poids des matières, & le peu de facilité que trouvent les molécules ignées pour se développer & se mettre en mouvement, qui sont causes que le foin qui se pourrit souvent en tas, & par places éloignées les unes des autres, ne s'enflamme point. On en peut juger par l'état de putréfaction où l'on trouve des masses considérables de ce foin, quand on

vient à le changer de place, par les
marques d'un incendie sourd auquel il a été exposé, au moins par
celles d'une fermentation violente
qui ont mis ses parties dans un état
de dissolution, où elles ne conservent plus rien de leur première
forme. M. Bouguer a vu au Pérou
des tas de foin réduits en charbon,
par une fermentation suivie d'un
embrasement spontanée, sans que
le feu se fût manifesté au-dehors.

C'est par les mêmes causes que
nous venons de déduire, que les
linges sales & humides, sur-tout
ceux mis en tas dans les hôpitaux
des grandes villes, si on les laisse
quelque tems dans cet état, peuvent
s'échauffer d'autant plus aisément
& s'enflammer ensuite, qu'ils acquièrent des qualités plus combustibles, & par l'usage auquel ils ont
été employés, & par les matières
sulfureuses, grasses & bitumineuses,
dont ils sont chargés, qui y établissent une fermentation très-prompte
qui seroit presque toujours suivie

d'un incendie, fi on les laiffoit quelque tems fans les laver, ou fans les expofer à l'air féparés les uns des autres. On eut quelque raifon d'attribuer à cette caufe l'incendie de l'Hôtel-Dieu de Paris, au mois d'août 1737.

Il en eft de même des étoffes de laine, des toiles peintes à l'huile, & en général de toutes les étoffes impregnées de matières inflammables, que quantité d'exemples prouvent être très-fufceptibles de fermentation & d'incendie. En 1725, plufieurs pièces de ferges d'Alais, ayant été mifes en tas avant que d'avoir été dégraiffées, s'échauffèrent au point que celles qui fe trouvoient au-deffous, furent réduites en une maffe noire, caffante, luifante, fentant la corne brûlée, fe fondant au feu & s'allumant à la chandelle, en un mot converties en un véritable bitume, fans cependant qu'il eût paru ni feu ni fumée. On prétend que les étoffes de cette qualité ne rifquent

jamais de se brûler qu'en été, lorsqu'elles sont entassées en assez
grande quantité, & dans un endroit où l'air a peu d'accès. La chaleur alors généralement répandue,
facilite le développement & l'action
du phlogistique qui se trouve par-
tout, & en plus grande quantité
dans ces étoffes grasses qu'en tout
autre corps. En hiver on a beau les
entasser de même, il n'y a rien à
craindre, & dès qu'elles ont été
dégraissées, elles ne sont pas su-
jettes à cet accident. La raison en
est qu'on imbibe la laine, avant
que de la filer, d'une quantité
d'huile assez considérable. On emploie à cet usage de l'huile d'olive
très-vieille, dont l'odeur fait assez
connoître que les principes commencent à se désunir. Il n'est donc
pas étonnant que la fermentation
qui s'excite dans ces étoffes entassées, sur-tout par un tems chaud,
achève cette désunion, & mette
en liberté le phlogistique que l'huile contient. Le même inconvé-

nient n'arrive jamais aux étoffes de laine que l'on fabrique sans les préparer avec de l'huile (*a*).

Le 18 juillet 1757, on imprima à Rochefort, en ocre rouge à l'huile, des toiles qu'on nomme *à prélat*, pour en faire trois fourreaux de voiles. Ces toiles sont faites avec du gros fil d'étoupes, on les mouille ensuite, & on les imprime d'un côté seulement avec de l'ocre rouge broyé à l'huile. La chaleur étoit si grande que ces toiles imprimées étant expo-sées au soleil, furent promptement sèches. Le 20, sur les trois ou quatre heures du soir, on les serra préci-pitamment parce qu'on appréhen-doit un orage. Ces toiles extrême-ment échauffées par le soleil, & qui avoient soixante ou quatre-vingt pieds de longueur, furent pliées peinture contre peinture, & liées fortement pour les ranger dans

____

V. les mém. de l'acad. des sciences, an. 1725.

le plus petit volume possible, dans l'attelier de la voilerie. Le 22, à quatre heures du soir, un voilier ayant été se coucher sur ces ballots, s'apperçut que la toile en étoit brûlante : il voulut mettre la main entre les plis & il fut contraint de la retirer. On fit porter les ballots dehors, & quand on les ouvrit, il en sortit une fumée épaisse, & on vit qu'ils étoient brûlés. Cet accident donna de l'inquiétude, on appréhendoit que le feu n'y eût été mis exprès. D'anciens voiliers déclarèrent que cela leur étoit arrivé quelques années auparavant, mais que ne pouvant se persuader que le feu pût se mettre de lui-même dans des voiles, ils avoient dissimulé l'accident, pour éviter d'être taxés de négligence, & de crainte d'être punis.

En 1741, des magasins de charbon de terre s'enflammèrent à Brest, & on découvrit que le feu y avoit pris par le centre : au-dessus & au-dessous le charbon étoit en bon état, celui du milieu avoit perdu toute sa partie inflammable, & étoit réduit en une espèce de machefer (*a*). La quantité de matière inflammable qui existe dans le charbon de terre & dans la peinture à l'huile, étoit bien capable d'augmenter l'effet de la chaleur, & de faciliter le développement du phlogistique. Il est vrai que dans les cas que nous venons de rapporter, on n'a vu ni flammes, ni charbons ardens, ainsi il n'y avoit pas d'incendie proprement dit. Mais quand la chaleur est portée à un si haut degré, que faut-il pour produire le feu? une parcelle de matière très-combustible, tel qu'un brin de chanvre desséché, & un petit renouvellement d'air suffisent pour embraser toute la masse. Il est donc d'une très-grande utilité d'être informé de la cause de ces embrase-

---

(*a*) *V. les mém. de l'acad. des sciences, an.* 1757.

mens spontanées, pour prévenir les accidens qui peuvent en résulter : car on soupçonne que le terrible incendie qui arriva à Rochefort en 1756, & qui prit naissance dans la voilerie, peut avoir été occasionné par des *prélats* nouvellement peints, qu'on avoit effectivement serrés en cet endroit, peu avant que le feu s'y manifestât.

Dans les papeteries les tas de chiffons s'échauffent quelquefois & fermentent au point de devenir inutiles pour faire du papier. Lorsque les moissons ont été humides, les grains s'échauffent si fort dans les granges, qu'ils se roussissent & deviennent incapables de germer, quoique dans ces circonstances la paille ne se convertisse pas en charbon, comme il arrive quelquefois aux foins qui fermentent. Il est étonnant que des matières végétales, qui sont d'elles - mêmes si froides & si humides, contiennent une si grande quantité de phlogistique ! C'est à cette cause autant

qu'aux matières grasses, dont les fu-
miers sont impregnés, que l'on attribue la chaleur des couches que l'on
fait dans les jardins, où la végétation est si prompte; aucunes ne conservent aussi long-tems leur chaleur
que celles qui se font avec le tan : cette écorce sèche pénétrée de la
substance grasse des peaux, devient
très-susceptible de fermenter & de
s'enflammer. Sans la quantité de
terre dont on les couvre, que l'on
tient toujours humide qui concentre le phlogistique dont ces fu-
miers font remplis, ils s'enflam-
meroient promptement & se rédui-
roient en cendre. Les couches ex-
térieures du sol des terres nouvelles,
où la végétation se fait & se détruit
avec une promptitude égale, sont
de même nature. Dans quelques
parties de l'isle Saint-Domingue,
la terre végétale y ressemble à du
tan, & est susceptible d'une si grande chaleur, que si on n'avoit pas
soin de la garantir de l'ardeur immédiate du soleil, les graines que

l'on y sème seroient brûlées, avant que de pouvoir germer.

Il ne faut donc pas attribuer à une autre cause qu'à la disposition du phlogistique à se développer par-tout où il est concentré, quantité d'incendies que l'on ne peut regarder que comme spontanées, dès qu'ils sont une suite naturelle de l'action du feu qui s'y rencontre. Dans le Forez & dans d'autres pays abondans en mines de charbon de terre, il y en a qui brûlent à une grande profondeur depuis une longue suite d'années. Telle est celle de Saint-Genies en Forez, que l'on appelle la terre noire ou la montagne brûlée, qui est à trois quarts de lieue de la ville de Saint-Etienne. Une légère vapeur noire qui s'élève de cette mine annonce les endroits enflammés, elle est plus sensible à certains tems que dans d'autres. Quand il fait froid & après une humidité produite par une rosée, ou une petite pluie ; la vapeur est plus apparente, & pour lors on la voit monter à trois ou quatre pieds de hauteur. On dit même qu'on apperçoit de la flamme pendant la nuit. Il s'exhale des endroits où il s'eſt formé des crevaſſes, une odeur de ſoufre aiſée à reconnoître par l'effet qu'elle produit quand on la reſpire. Cette odeur jointe à celle d'une terre mouillée qui ſe deſſèche, forme un mélange qui la rend très-déſagréable. Si on préſente la main à ces ouvertures, on y reſſent une chaleur aſſez vive pour être obligé de la retirer. Tous ces ſoupiraux n'ont pas le même degré de chaleur. L'étendue du terrein brûlé eſt d'environ cent toiſes de longueur, ſur cinquante à ſoixante de largeur. Les plantes n'y viennent plus ; la terre ſemble être deſſéchée : dans quelques endroits elle eſt rouge, dans d'autres elle a pris une couleur noire. On a tenté d'éteindre ce feu en faiſant des tranchées pour lui couper communication avec les terreins contigus : mais comme ce travail a été fait fans précaution, & trop près du feu, il femble qu'on en ait augmenté plutôt l'ardeur & l'activité, en établiffant dans la mine un courant d'air (*a*).

Il y a en Angleterre plufieurs mines de charbon qui brûlent depuis un grand nombre d'années. Aux environs de Zwickau en Miffnie, il y en a une qui eft enflammée depuis 1600. Ce long intervalle ne fuffit pas pour empêcher les ravages, que peut enfin occafionner un feu de cette efpèce ; l'air & l'eau dilatés par la chaleur ne trouvant point d'iffues font capables des plus grands efforts contre les terreins qu'ils attaquent & même de les bouleverfer. Il feroit peut-être utile d'ouvrir des puits plus profonds que le niveau le plus bas de ces mines, pour prévenir l'effet de toute éruption imprévue, & garantir des fecouffes de la terre

---

(*a*) *Mém. de l'acad. des fciences, an.* 1765.

qui les précèdent ordinairement, les lieux bâtis dans leur voisinage. C'est la précaution que prirent les premiers Romains, pour mettre l'ancien capitole à l'abri des suites des tremblemens de terre, & ils y réussirent ; cette partie de Rome n'a jamais rien souffert de leurs ravages.

On a soupçonné qu'on avoit mis exprès le feu aux mines de charbon dont nous venons de parler : mais le pourroit-on ? il est bien plus vraisemblable que ces embrasemens sont spontanées. Qui a mis le feu aux volcans, & quels incendies leur sont comparables pour l'intensité & la durée ?

§. XVIII.

Conjectures sur les causes du développement de la matière ignée.

Toutes les observations que nous venons de rapporter démontrent que le mouvement seul peut pro-

duire le feu, ou le développement
de la matière ignée qui se trouve
dans tous les corps. De-là on conçoit pourquoi les corps solides sont
moins susceptibles d'une grande
chaleur & d'incendie, que les corps
plus légers & plus souples, ou que les
fluides. Les premiers sont dans un
repos entretenu par leur propre
poids, & par l'adhésion de leurs
parties homogènes les unes aux autres, qui rend la circulation du
fluide subtil entre leurs pores, plus
lente & plus difficile, s'il y trouve
quelqu'aliment il ne peut se l'assi-
miler qu'avec peine : les autres sont
dans un mouvement sensible &
continuel, ou en sont très-suscep-
tibles. De quelque manière donc
que le feu se produise & s'entre-
tienne, soit par un autre feu déja
allumé, soit par le choc des corps
durs, ou par la réunion des rayons
du soleil, par la fermentation, par
le mélange des liqueurs ou des pou-
dres inflammables, il n'est que l'effet du mouvement.

C'eſt ce qui a déterminé quelques philoſophes à placer l'eſſence du feu dans un certain mouvement, ou plutôt ils ont regardé le feu comme le principe du mouvement général répandu dans toute la nature. Ils ont expliqué le mouvement par le feu, & le feu par le mouvement : parce que tout corps connu mis dans un certain mouvement, s'échauffe & donne lieu au développement du fluide ignée qu'il renferme. Le ſpectacle général de la nature, & la connoiſſance des corps, ont été très-propres à donner à cette idée une eſpèce d'évidence à laquelle il eſt difficile de ſe refuſer.

Sous la zone torride, entre les tropiques, toute la nature eſt dans un mouvement continuel; les développemens s'y font avec une vivacité étonnante. C'eſt-là où le fluide ignée a toute ſon énergie; c'eſt-là où le mouvement eſt le plus marqué. Mais en s'éloignant de ce centre, à meſure que l'on s'appro-

che des poles : le développement du
feu arrêté par une quantité d'obstacles naturels, ne foutient plus ce
mouvement ; s'il y eft quelquefois
fenfible, il n'eft plus que l'effet
d'une action extraordinaire. Dans
les régions brûlantes de la zone
torride, les végétaux croiffent &
périffent avec une promptitude
égale : les animaux dans lefquels
rien n'arrête l'impétuofité d'un développement précipité, y réfiftent
pendant quelque tems, mais bientôt ils en font comme accablés : la
machine tombe dans un relâche-
ment qui annonce fa prochaine
deftruction. Dans les régions gla-
cées voifines des poles, les végétaux ne fe développent qu'avec une
lenteur qui exige plufieurs fiècles
avant qu'ils foient à leur perfection :
leurs parties acquièrent une certaine
dureté, qui brave les injures des
faifons les plus rigoureufes : le feu
n'agit fur la matière que par des
efforts redoublés qui y établiffent
quelque mouvement de végétation.

Les animaux participent à cette manière d'être : le défaut de mouvement les plonge dans une espèce d'inertie, que l'on peut comparer à l'affaissement que produit dans d'autres peuples un excès d'agitation : mais les ressorts de ceux-ci se durcissent & se fortifient dans un long repos, ils durent plus long-tems, & résistent mieux aux frottemens de la machine en action. Ce sont ces considérations générales qui ont fait substituer alternativement l'effet à la cause, & la cause à l'effet. On ne croyoit pas pouvoir porter les découvertes plus loin dans un sujet si compliqué, quoique cette explication laisse dans le sujet principal une obscurité qui empêchoit d'arriver à la découverte de quantité de phénomènes qu'il faut connoître pour faire quelques progrès dans l'histoire de la nature. On a donc sagement abandonné ce que cette explication trop générale avoit de spécieux, pour remonter à la cause par l'observation des faits particuliers.

C'est la connoissance de ces phénomènes qui nous apprend que plus
le mouvement est rapide, plus l'incendie est prompt, sur-tout si l'air
ambiant est dans un état de raréfaction sensible : ainsi ce n'est que
par des précautions continuelles,
que l'on empêche que les roues des
voitures, dont on se sert pour courir la poste, ne s'enflamment. Un
mouvement continué, quoique
moins violent peut produire le
même effet, mais il faut que ce
mouvement se fasse toujours sur le
même point, & agisse sur la même
matière sans la diviser. Un vent
léger qui nourrit la flamme & l'entretient, la dissipe bientôt s'il est
violent (a). Un vent modéré augmente ou du moins continue le
mouvement essentiel à la conservation du feu ; un vent impétueux
divise trop rapidement les matières
qui lui servent d'aliment, il em-

____

(a) Lenis alit flammas, grandior aura necat.

porte dans l'air les particules ignées à mesure qu'elles se développent, il les dissipe & resserre celles dont une action plus modérée auroit facilité le développement. Il est seulement dangereux dans ces circonstances que les matières embrasées, dispersées au loin, n'augmentent les ravages de l'incendie.

C'est par le même méchanisme que différens composés chymiques, s'enflamment & détonnent avec tant de violence. La détonation du nitre, un des plus beaux phénomènes de la chymie, consiste en ce que l'acide nitreux s'allume, s'enflamme & se décompose dans un instant, lorsqu'il a un contact immédiat avec des corps combustibles dont le phlogistique est dans le mouvement ignée.

L'or fulminant, lorsqu'il est chauffé ou frotté à un certain point, fait une explosion comparable, & peut-être supérieure à celle de la foudre même ; nous ne répèterons pas ici ce que nous avons dit plus haut de ses effets comparés avec ceux de la foudre.

La poudre fulminante, mélange de trois parties de nitre, de deux parties d'alcali de tartre sec, & d'une partie de soufre, chauffée lentement sur un feu doux dans un cuiller de fer, détonne avec une violence & un fracas épouvantable, aussi-tôt qu'elle est parvenue à un certain degré de chaleur. Elle n'a pas besoin d'être enfermée, comme la poudre à canon, pour détonner, mais toutes les parties étant au même degré de chaleur, dès qu'une seule s'allume, toutes s'enflamment en même-tems, & cette explosion instantanée frappe l'air environnant avec une telle violence, & une telle rapidité, que l'air n'a pas le tems de céder à cette percussion, & résiste par conséquent à la fulmination de la poudre, autant que les parois des armes à feu résistent à l'explosion de la poudre à canon.

Est-ce le feu, tel que nous le

concevons, ou le mouvement du fluide invisible qui met en mouvement le phlogistique contenu dans ces matières différentes, & les rend capables d'effets si violens ? L'expérience suivante semble nous prouver que le feu ne fait que déterminer ce fluide à agir sur le phlogistique, & que l'action immédiate du feu n'est pas nécessaire. Il y a quelques années, une demie livre de poudre de chasse que l'on avoit mis sécher, dans une bouteille de verre bien fermée, derrière la plaque d'une cheminée, où il y avoit toujours du feu, s'enflamma tout-d'un-coup, & son explosion fut si forte, qu'elle emporta une partie de la plaque de la cheminée, & de la muraille à laquelle elle tenoit, renversa deux personnes assises, par la seule commotion de l'air ; brisa les portes & les fenêtres, & causa un ébranlement sensible dans toute la maison, qui étoit assez vaste & très-solidement bâtie. Voilà un exemple d'un embrasement spontanée, où le feu n'agit pas

immédiatement

immédiatement , c'eſt la chaleur qui excite à la longue une fermentation ſourde, dans une petite portion de poudre, qui enfin s'enflamme & détonne avec la plus grande force.

Le mélange de certaines liqueurs produit un feu violent, & peut-être le plus actif & le plus véhément que l'on connoiſſe: mêlées enſemble, elles entrent d'abord en efferveſcence & s'enflamment ȯientôt. Que l'on mélange trois parties égales d'eſprit ardent d'huile de cinnamome & d'eau commune, elles rendent une flamme ſi brillante, qu'elle ſuffit à éclairer un grand cabinet. Il y a plus, c'eſt que ſi l'on mêloit enſemble ces liqueurs à la quantité d'une livre chacune, dans un cabinet fermé de toutes parts, l'efferveſcence ſeroit prompte, & l'exploſion du phlogiſtique aſſez forte pour renverſer les murailles du cabinet, avec plus de vivacité que ne feroit une pareille quantité de poudre à canon. Je doute que jamais on ait fait cette expérience, les suites en seroient trop funestes, pour que la curiosité la plus forte tentât de s'y exposer : ainsi nous nous en tiendrons à regarder parmi les compositions chymiques, l'explosion de la poudre, & celle de l'or fulminant, comme les plus violentes que l'on connoisse.

Les chymistes les plus habiles, ceux qui s'en tiennent aux vrais principes de la physique pour expliquer les procédés de leur art, & qui n'en font pas un secret mystérieux enveloppé de termes obscurs & énigmatiques, prétendent que pour ces fermentations de liqueurs mélangées, desquelles résulte une flamme vive & souvent si active, il faut 1°. que les esprits acides soient très-rectifiés, très-volatils, & que les soufres soient purgés de toute humidité. 2°. Que les particules sulfureuses & salines y soient très-abondantes & dégagées de toute matière hétérogène qui arrêteroit leur action. 3°. Que leur dé-

veloppement se fasse très-prompte-
ment & dans le même espace donné. 4°. Que l'action & la réaction
des parties les unes sur les autres,
& leurs chocs mutuels doivent être
multipliés à l'infini, afin qu'elles
se heurtent, se brisent & se divisent avec violence : conditions qui
supposent toutes le plus grand mouvement dont ces substances puissent
être susceptibles, & prouvent en
même-tems que le feu tient au
mouvement des substances dans
lesquelles il se manifeste, & que
c'est sa promptitude & sa véhémence qui décide de l'action du
feu sur l'air.

On a éprouvé encore dans plusieurs
laboratoires de chymistes, que l'esprit de vitriol & de sel ammoniac
jettés en l'air, venant à se heurter,
produisoient, ou une flamme brillante, ou une fumée sensible avant
que de se dissiper. Cet effet est produit par le choc des parties de ces
liqueurs entr'elles, d'où résulte le
développement des soufres ou mo-

lécules ignées qu'elles contiennent,
qui se fait remarquer, ou par l'é-
clat de la flamme, ou par leur évaporation, sous la forme d'une fumée dans un air trop humide, &
par la chaleur qu'elles y répandent;
phénomène qu'on ne peut attribuer qu'à une agitation violente,
excitée dans ces liqueurs par leurs
qualités opposées, & qui prouve
encore que le développement du
feu ne se fait que par un grand
mouvement; & quand il se fait
tout-d'un-coup, c'est un éclair qui
disparoît aussi tôt qu'on l'apperçoit.
Nous avons remarqué déja en plus
d'une occasion, qu'il se fait dans
l'air des opérations tout-à-fait semblables à celles de la chymie, qui,
dans le vaste laboratoire de la nature, produisent tant de météores
variés.

§. XIX.

Phénomènes remarquables du développement du feu dans l'eau & dans l'air.

Lorsque le feu vient à se développer dans la vaste étendue des eaux de la mer, il y produit des révolutions étonnantes, & que l'on attribue quelquefois à une toute autre cause. Il faut des phénomènes frappans qui fassent remonter à leur véritable origine, qu'il n'est pas toujours facile de découvrir. Le 19 octobre 1742, il y eut au port de la *Vera-Cruz*, dans le Méxique une agitation extraordinaire de la mer, elle abatit une partie des murs de la ville, & mit en danger tous les petits bâtimens qui étoient échoués entre ces murs & la mer, & qui avoient toujours été regardés comme en parfaite sûreté dans cet endroit. Les navires qui étoient en rade furent obligés de doubler tou-

tes leurs amarres, pour s'empêcher
d'aller se perdre à la côte. Mais ce
qu'il y eut de plus singulier, c'est
que le lendemain le rivage étoit
couvert de toutes sortes de poissons
morts entassés les uns sur les autres,
& la rade aussi remplie de poissons
flottans sur l'eau, parmi lesquels
il y en avoit de tant d'espèces inconnues aux pêcheurs, qu'il fut
impossible d'en faire le dénombre-
ment. Les chaloupes qu'on envoya
à la découverte, rapportèrent qu'elles avoient observé la même chose
à plusieurs lieues au large, & dans
la longueur de quinze à vingt lieues
au nord & au sud de la *Vera-Cruz*.
La contagion s'étoit communiquée
jusqu'aux poissons qu'on trouve
communément au fond des puits
dans le Mexique. Pendant tout ce
tems l'air avoit été extrêmement
chargé. L'opinion commune fut que
tous ces accidens avoient été causés
par une vapeur nuisible sortie du
fond de la mer : & ce qui peut la
rendre plus vraisemblable, c'est qu'il

y a en mer, à quelque distance de la côte, une soufrière qui fait sortir du fond de l'eau des morceaux de bitume, que les vents & les flots jettent en assez grande abondance sur les bords de la mer, & que les habitans emploient à divers usages. Une quantité considérable de vapeur empoisonnée aura pu en même-tems causer le mouvement excessif de la mer, faire périr le poisson qui s'y rencontroit, & même pénétrer à travers les terres jusqu'aux puits pour étouffer les animaux qui y vivoient (a).

Dans ce phénomène on ne s'apperçut pas d'autre mouvement que de celui de la mer, qui ne dut être occasionné que par une quantité extraordinaire d'un phlogistique nouveau répandu dans ses eaux, qui leur communiqua la plus grande agitation, en même-tems qu'il dé-

***

(a) *Mém. de l'acad. des sciences*, ann. 1744. *pag.* 3.

S iv

veloppa les vapeurs mortelles renfermées dans diverſes ſubſtances,
& qui d'ordinaire y reſtoient ſans
effet. L'action vive & ſubtile du
feu a pu porter ces poiſons exaltés
à une aſſez grande profondeur dans
les terres, pour pénétrer juſque
dans les puits : elle étoit encore
déſignée par une évaporation ſur-
abondante qui avoit couvert le ciel
de nuages épais.

N'eſt-ce pas à une quantité extraordinaire de ce même phlogiſtique répandu dans un eſpace donné, que l'on doit rapporter d'autres
mouvemens de cette eſpèce, qui
rendent tout d'un coup la mer ſi
terrible ? Le 2 janvier 1767, la mer
s'éleva à Calais d'une manière extraordinaire, de trente-neuf pouces au-deſſus du terme réduit des
vives eaux ou grandes marées. Cent
trente-trois travées des jettées en
bois furent renverſées par un flot
extraordinaire. La nuit du premier
au deux décembre précédent, la
mer étoit plus élevée qu'à l'ordi-

naire à Gravelines, le deux elle parut pleine dès midi & demi; elle eut alors trois alternatives de décroissement & d'accroissement jusqu'à une heure & demie, elle monta de vingt-cinq pouces au-dessus du terme des plus grandes eaux. A Dunkerque la marée monta de cinquante-deux pouces au-delà du repaire des grandes vives eaux; quelques personnes assuroient qu'on avoit entendu un coup de tonnerre vers les sept heures du matin. La cause physique de ces marées extraordinaires, quelle qu'elle pût être, avoit son foyer ou centre d'effort au nord de Calais, puisqu'elles étoient d'autant plus hautes, qu'on étoit plus au nord-est de cette ville. Nous verrons incessamment quelle a pu être cette cause, après en avoir rapporté quelques autres effets aussi développés.

Le 27 décembre 1769, la mer étoit si agitée aux environs d'Ostende, qu'il y eut un vaisseau Anglois englouti, plutôt que brisé à la

côte, les flots paroiſſoient bouil-
lonner & s'élever perpendiculairement avant que de ſe rompre les
uns ſur les autres. Une raréfaction
forte qui s'établit tout-d'un-coup
dans les eaux, en augmente prodigieuſement le volume. Le mouvement ſe communique rapidement
de la mer à l'air, les forces réunies
des deux fluides peuvent agir en
même-tems contre les obſtacles qui
leur ſont oppoſés, & produire des
ravages étonnans. N'eſt-ce pas ce
qui cauſa l'affaiſement de la digue
de Rhyndyck, entre Huiſſen petite
ville du pays de Cleves, & Ange-
ren village ſitué dans le Bétuwe
ſupérieur, la nuit du 27 au 28 décembre 1769, lorſqu'une partie de
la Gueldre fut ſubmergée ? L'eau
qui bout avec aſſez de violence pour
s'échapper pardeſſus les bords du
vaſe qui la contient, eſt une image
en raccourci des raréfactions locales
qui arrivent, par l'expanſion du feu
aux eaux de la mer : elles s'étendent
d'un côté & ſe retirent de l'autre.

Pendant que la Gueldre étoit submergée, les eaux du Lecq avoient baissé considérablement aux environs de Waert.

Ce principe caché de l'agitation des eaux de la mer & du mouvement qui leur est propre, se développe quelquefois d'une manière visible, à la suite des violentes tempêtes. C'est ce qui arrive dans les mers du sud, aux environs du cap de Bonne-Espérance. Les Portugais appellent les parages voisins à douze ou vingt lieues du cap des Aiguilles, *le lion de la mer*, non-seulement parce que les orages y sont presque continuels, mais à cause d'une espèce de rugissement qui naît de l'agitation des flots, & répand la terreur dans les ames les plus intrépides (a).

Dans le même tems que, le 3 juin 1770, les secousses d'un violent tremblement de terre, détruisoient

______

(a) *Hist. générale des voyages*, tom. 2.

les villes & les habitations principales de la partie de l'oueſt de l'iſle
de Saint-Domingue, qu'il s'ouvroit
un volcan nouveau dans le Rapion,
montagne voiſine de la petite ville
du Goave, que la terre entr'ouverte
à une grande profondeur, jettoit de
tous côtés une fumée ſulfureuſe &
ardente, la mer prodigieuſement
élevée, inondoit toutes les plaines.

Dans ces ſortes de mouvemens
impétueux, ſoit de la terre, ſoit
des eaux, ſoit de l'air, il ſe trouve
répandu une quantité extraordinaire de phlogiſtique, qui donne
au fluide dans lequel il ſe développe, & qui ſans ceſſe lui fait réſiſtance, une activité dont les effets
ſont étonnans. Ce phlogiſtique ou
ſoufre très-atténué, ſans la réſiſtance qu'il trouve dans la maſſe
des eaux, ou dans un air fort humide, ne ſeroit pas capable d'un
grand effort : quelqu'abondant qu'il
ſoit dans un air libre, ſec & ſerein,
il ſe diſſipe en éclairs légers qui
n'ont d'autre effet que de répandre

dans l'atmosphère une très-grande lumière qui se renouvelle à tous les instans, tant que la matière suffit à les entretenir. Mais répandu dans l'eau, il devient l'un des agens les plus forts & les plus formidables de la nature. Il excite dans la masse de la terre ces secousses violentes capables de renverser les villes & les montagnes ; il produit dans les mers ces soulèvemens extraordinaires qui portent leurs eaux au-delà des bornes qui leur sont marquées, & vont souvent inonder des terreins élevés, où jamais elles n'étoient parvenues. Dans un air humide, il cause ces ouragans impétueux dont les ravages se portent au loin. Les expériences de la physique moderne, nous apprennent comment le soufre peut brûler dans l'eau & même dans l'air, sans que son incendie soit sensible.

Les matières grasses & sulfureuses ne se mêlent point avec l'eau, & si elles sont fort exaltées, elles s'y enflamment, & y produisent le

plus grand mouvement. Une vapeur
fulfureufe qui s'élève d'un matras
fuffifamment échauffé, étant allumée par une bougie qu'on en approche quand elle fort, la flamme
fe communique bientôt à toute la
vapeur qui remplit le vuide du
matras, en gagne le fond, & va
même fe prendre à une matière
fulfureufe plus abondante, qui eft
dans l'eau. Alors cette matière enflammée dans l'eau la frappe violemment pour s'en débarraffer, &
produit un bruit de détonation que
l'on peut comparer à un petit coup
de tonnerre. Si la flamme trouve
trop d'obftacles à pénétrer dans le
fond du matras, où la matière fulfureufe eft plongée dans l'eau, la
vapeur enflammée qui n'a point
d'eau à combattre ne fait point de
fulmination, mais elle fe répand
avec une très grande impétuofité (a).

____

(a) *Mém. de l'acad. des fciences*, ann.
1700.

L'effet de cette expérience, quelque léger qu'il paroisse, suffit pour nous instruire de ce qui se passe dans l'air & dans l'eau lors de ces mouvemens extraordinaires, de ces ouragans qui renversent tout. Plus la masse de l'eau est considérable, plus le développement du phlogistique trouve d'obstacles : cependant il se fait, & c'est dans ces circonstances que l'on voit la mer s'élever sensiblement & se porter bien au-delà de ses bornes ; phénomène que l'on ne peut attribuer qu'aux substances sulfureuses qui brûlent dans l'eau, & qui font effort pour s'élever & se répandre dans un milieu plus libre. Ces sortes d'évènemens sont d'ordinaire suivis de vents, de tourbillon qui se portent au loin, & qui occasionnent de violens orages. La matière sulfureuse qui s'échappe de l'eau, se raréfie dans l'air à un très-haut degré, & s'y joignant au phlogistique abondant qui y est déja répandu, elle augmente l'impétuosité de son mouvement propre. Toute cette matière ignée devient alors d'autant plus active, qu'elle a plus de peine à diviser un air chargé de vapeurs humides & épaisses, & fort condensé, sur lequel elle agit en tout sens; ce qui occasionne les violens coups de vent qui brisent ou renversent les corps les plus solides. Car quoique la direction de ces sortes de vents prenne ordinairement entre le sud & l'ouest, cependant on voit souvent des corps emportés en sens contraire, ce qui ne peut arriver que parce qu'ils se rencontrent dans l'espace où le phlogistique se développant avec plus de facilité, & trouvant de la résistance de tous les côtés, est agité d'un mouvement de tourbillon, qui dure jusqu'à ce qu'il puisse s'échapper en ligne droite, par le côté où l'air lui fait le moins d'obstacle.

Il est difficile d'observer les modifications de l'air pendant ces grands orages; tout y est dans une agita-

tion si violente, que la plupart
des effets de la nature par lesquels
on remonteroit aux causes, se dé-
robent aux observateurs. Cependant
presque tous ces vents impétueux,
sont accompagnés d'éclairs que l'on
apperçoit à peine, parce que leur
lumière ne se porte qu'à une très-
petite distance du lieu de leur origine, elle est arrêtée par de nouveaux courans d'air qui l'intercep-
tent. Ces éclairs sont encore suivis
d'un bruit sourd de tonnerre, que
l'on confond d'ordinaire avec le
tumulte qu'excitent les vents, ou
plutôt la matière sulfureuse qui sortant avec violence de l'espace étroit
où elle étoit contrainte, frappe l'air
rudement & y roule d'une vîtesse
extraordinaire; il y règne alors un
fluide si actif & un mouvement si
fort, que l'eau est portée au plus
haut degré d'évaporation, & même
d'ébulition, sans aucune chaleur
sensible.

Dans ces circonstances, sur-tout
à la fin de l'automne, lorsque l'at-

mosphère est déja refroidie par les premières neiges, un nitre subtil naturellement répandu dans l'air, se joint au phlogistique sulfureux & augmente la force de son action & de son mouvement, de même que quand on a mêlé du salpêtre avec le soufre commun, il produit dans sa raréfaction un effet plus violent que lorsqu'il est seul : c'est pour cela que les ouragans de la fin d'octobre & de novembre, causent plus de ravages que ceux des autres saisons (*a*). On l'a éprouvé en diverses provinces de France au mois de novembre 1770. La nuit du 7 au 8, le vent étant sud & sud-ouest, il y eut des coups de vent d'une force étonnante, qui renversèrent des édifices, rompirent une quantité d'arbres, renversèrent & portèrent au loin des corps très-pesans. Les mêmes vents se fi-

____

(*a*) *Voyez à ce sujet le tome sixième de cette histoire, pag.* 460.

rent encore sentir la nuit du 25 au
26 du même mois, & causèrent
presque autant de désastres, quoi
qu'ils fussent accompagnés d'une
pluie abondante, ce qui n'arriva
pas dans le premier orage. Aussi y
reconnut-on plus aisément la cause
de ce grand mouvement de l'air :
les éclairs furent plus fréquens &
plus sensibles, quoique leur lumière
ne se portât pas bien loin : il y eut
à diverses reprises des bruits de
tonnerre qui parurent d'autant
moins forts, que l'agitation de l'air
étoit plus tumultueuse. Enfin ce
vent sulfureux s'étant rallenti peu-
à-peu, le reste de la matière n'ayant
plus assez de force pour agir sur les
bandes inférieures de l'air, toujours
plus condensées & plus capables de
résistance que les bandes plus élevées ; on vit des nuages plus épais
se former, dans lesquels on apperçut, malgré la lumière du jour, des
éclairs plus vifs, qui furent suivis de
très-fortes détonations. C'est ainsi
que se termina presque par-tout cet

orage fi violent, dans une grande étendue de pays entre midi & une heure. L'ouragan du 25 au 26 du même mois, fut fuivi d'une pluie mêlée de neige qui dura tout le jour du 26, pendant laquelle le vent fe calma infenfiblement, & tourna du fud au nord (*a*).

___

(*a*) La caufe de tous ces mouvemens extraordinaires paroît exifter dans les émanations abondantes du fluide ignée terreftre, & dans une évaporation forcée. Toute la partie du globe que nous habitons eft agitée, depuis quelque tems, de convulfions intérieures, d'où réfultent quantité de phénomènes dommageables. A la fin du mois d'août 1770, les eaux du Danube augmentèrent prodigieufement, après plus d'un mois de tems chaud & fec, dans une faifon où d'ordinaire elles font très-baffes. Ce n'eft pas à la fonte des neiges que l'on a pu rapporter cette inondation, & on a cru avec raifon qu'elle avoit été occafionnée par une éruption extraordinaire des eaux renfermées dans les cavités de la terre : le volume des eaux de fource s'étant augmenté du double de ce qu'elles fourniffent communément. A la

On sera peut-être étonné que ce
fluide sulfureux, puisse s'allumer

---

fin de septembre, il y eut des secousses
de tremblement de terre dans le pays d'O-
der-Ertzgeburg. On éprouva des chaleurs
extraordinaires en Saxe, qui durèrent jusqu'au 24 octobre, qui furent terminées à
Dresde par un violent orage, accompagné
de pluie, suivi de quelques jours de foid.
Le premier novembre, à deux heures après
midi, il y eut un nouveau tremblement
de terre; l'horison étoit couvert de nuages
épais qui ne donnèrent point de pluie.
Il sortoit d'un bois voisin des vapeurs
semblables à celles qu'exhale la terre, lorsque le soleil donne avec force, après un
orage accompagné de pluie. Depuis ce
moment jusqu'au trois de novembre, les
secousses se succédèrent, d'abord assez
fréquemment pour que l'on en comptât
jusqu'à six par heure. Elles diminuèrent
ensuite, & ne se faisoient sentir qu'après
un intervalle de trois ou quatre heures.
Elles étoient de force inégale; dont quelques-unes assez violentes pour ébranler
les meubles des appartemens, & faire fen-
dre les plafonds. On remarqua que chaque
secousse étoit ordinairement précédée de
nuages épais, qui obscurcissoient le ciel,
mais sans pluie & sans éclairs. Dans le

entre dés nuées auffi humides, &
y être fortement comprimé fans

---

même efpace de tems, les pluies qui étoient
continuelles en Italie y caufoient des dom-
mages confidérables. Le 31 octobre la marée fut fi haute à Venife, que depuis plus
de quarante ans on ne l'avoit pas vue à ce
point. Elle étoit de fept pieds au-deffus de
fon élévation ordinaire. Prefque toute
cette ville fut inondée, & l'eau qui étoit
à quatre pieds de hauteur dans la place
Saint-Marc, ayant pénétré dans un maga-
fin de Vitriol, une fi grande quantité de
poiffons y fut empoifonnée, que les rues en
étoient couvertes & infectées, de même
que les canaux. Au mois de novembre fuivant, après des pluies abondantes, la
plupart des rivières de France fe débor-
dèrent, fur-tout dans le Poitou, le pays
d'Aunis, la Guyenne, & généralement
dans toutes les terres baffes. Le Rhin avoit
innondé en même-tems la plupart des
contrées qu'il arrofe, depuis Strasbourg à
Bonn. Le Necker, le Mein, la Lahne,
& la Mofelle, s'étoient prodigieufement
accrus, & avoient caufé beaucoup de ravages, à commencer du 22 novembre jufqu'à la fin de ce mois. Tous ces débordemens avoient été précédés d'un ouragan
furieux, qui mit, le 20 & le 21, la ville

s'éteindre. Mais le soufre étant une substance grasse n'est pas aussi sujet

---

de Gènes dans le plus grand danger. Il y avoit plu extraordinairement tout le 20 & la nuit suivante. Cet ouragan y paroissoit occasionné par le choc des vents de nord & de sud-ouest. Nous avions en même-tems dans la Bourgogne, le vent est-nord-est ; le ciel y étoit obscur & couvert, il tomboit de la neige qui fondoit à mesure qu'elle approchoit de la terre. Le 21 , le vent se porta sur nord-ouest, & le 22 à sud-sud-ouest. Ce qu'il y eut d'étonnant, c'est que le 20 le baromètre étoit plus bas que je ne l'aie jamais vu. Le mercure remonta pendant la nuit du 21 de près d'un pouce, & continua jusqu'au 22 , après quoi il se rabaissa de nouveau. Ce qui confirme ce que j'ai observé ailleurs, que ces variations subites du mercure annoncent de furieux ouragans ; & presque toujours deux courans dans l'air, opposés entr'eux. Pendant que presque toute l'Europe étoit innondée, une sécheresse constante régnoit en Espagne, & les crues du Nil étoient retardées en Egypte, de façon à faire craindre que la plupart des terres ne pouvant pas être couvertes d'eau, la récolte ne fût très-médiocre. Mais dans nos climats il régnoit une humidité constante,

à l'impreſſion de l'eau que les autres matières. Il s'enflamme dans
l'eau ou dans l'air humide, & y
brûle de même que le camphre &
pluſieurs autres ſubſtances inflammables très-exaltées. Plus il eſt diviſé, plus il a de mouvement, &
l'agitation de l'air y répond. Mais
comme une partie de ce phlogiſtique peut ſe raſſembler dans des
nuages plus épais, dont la grande
humidité le condenſe, il s'y éteint
avec une détonation proportionnée
à ſon volume, ainſi qu'il arrive à
une maſſe de fer ardente que l'on
plonge dans l'eau. La partie la plus
raréfiée de phlogiſtique s'échappe
dans l'air, on voit la lumière de

---

des pluies preſque continuelles, une température trop douce pour la ſaiſon, des
gelées peu fortes & preſque momentanées,
& toujours des tremblemens de terre en
différentes parties de l'Europe, avec des
vents très-impétueux du ſud à l'oueſt Tel
étoit encore l'état de l'air au commencement de février 1771.

l'éclair

l'éclair qui précède le bruit du tonnerre, parce que la lumière se répand plus vîte que le son.

C'est ainsi que l'on conçoit que
le phlogistique ou le feu le plus
subtil est la cause des plus terribles
mouvemens de l'air & de l'eau, quoi
qu'aucune chaleur ne manifeste sa
présence, mais on ne peut pas la
révoquer en doute. L'eau dans ces
circonstances est agitée d'un mouvement de fermentation aussi violent, que celui qu'elle reçoit de la
plus forte ébullition ; elle se raréfie
aussi promptement au moins, &
se répand dans l'air, où elle va
augmenter la force du phlogistique
qui la met en action, par la résistance qu'elle oppose à son expansion.

Si c'étoit ici le lieu de parler de la
cause de la chaleur des eaux minérales, n'y verrions-nous pas une matière sulfureuse très-subtilisée circuler avec l'eau, qu'elle porte au plus
haut degré de chaleur, sans que jamais elle s'éteigne? Quelquefois aussi

Tome IX.   T

cette matière reste dans l'inaction quoiqu'elle soit très-abondante dans l'eau où elle est répandue, mais on éprouve alors que la moindre cause en facilite l'incendie. On trouve dans quelques eaux un limon sulfureux qui devient inflammable & ardent à la moindre approche d'une flamme étrangère. Il en est parlé dans les mémoires de l'académie des sciences (an. 1741.) au sujet du ruisseau du prieuré de Trémolac, à cinq lieues de Bergerac en Périgord. En marchant dans l'eau, on trouble un limon fin & non glaiseux, duquel il sort une grande quantité de bulles qui venant crever à la surface de l'eau, y répandent une vapeur inflammable capable de s'allumer à l'approche d'un flambeau ou d'une torche de paille. La flamme qui s'en élève est bleuâtre, elle a à-peu-près autant de chaleur que du papier enflammé, & on y allume des étoupes & des allumettes, preuve évidente que c'est une inflammation réelle

& non pas une lumière purement phofphorique. Cette flamme dure jufqu'à ce que la vapeur inflammable foit confumée, & lorfqu'elle l'eft on tenteroit inutilement de répéter l'expérience, il faut laiffer à l'eau le tems de former de nouvelles matières. Le même phénomène s'obferve dans prefque tous les ruiffeaux & les étangs de ce canton, & on a éprouvé que les feuls dépôts que ces eaux amènent font capables de produire cette matière inflammable *(a)*.

(a) Mém. de l'acad. des fciences, ann. 1764.

T ij

§. XX.

*Nouvelles preuves de l'exis-
tence & de l'action du feu
dans tous les corps, & dans
l'intérieur de la terre.*

Tout ce que nous avons dit jufqu'à préfent, ne fuffit-il pas pour
prouver que le feu eft répandu par-
tout, & dans tous les corps? que
pour qu'il devienne fenfible, il ne
faut qu'en réunir les parties, & les
tirer de l'inaction où les tiennent
des matières hétérogènes. Ce qui
s'opère quelquefois par le mouvement fpontanée du fluide fubtil, qui
facilite le développement du phlogiftique. Alors fes parties féparées
fe rapprochent, fe heurtent & fi-
niffent par fe raffembler & produire
une flamme vifible. Effet naturel,
dont on doit la connoiffance à la
rencontre fortuite des corps les plus
durs, dont le choc a fait briller le
feu qu'ils renfermoient : à l'impé-

tuofité des vents qui, en agitant
les arbres avec violence, & les heurtant les uns contre les autres, a
caufé l'éruption de la matière ignée
qui circuloit dans leur fubftance, a
fait naître des incendies, qui ont
appris aux hommes la manière de
conferver le feu, où de le rallumer
quand ils en auroient befoin. Par-
tout ils ont trouvé le feu caché,
dès qu'ils ont fu qu'on pouvoit le
tirer des corps en apparence les
plus durs & les plus froids, & ils
ont aifément conçu qu'on pouvoit
le faire fortir d'autres corps qui
s'échauffoient par le mouvement.

Ce qui a pu arrêter les progrès de
cette découverte fi utile, c'eft qu'il
ne trouve pas dans tous les corps
les mêmes facilités à fe développer,
& que fouvent même il eft impof-
fible aux efforts ordinaires de vaincre les obftacles qui le tiennent caché. C'eft ce qui a fait que des
peuples groffiers, d'autant moins
induftrieux, qu'ils habitoient des
climats d'une température douce

& toujours égale, où la nature four-
nissoit abondamment tout ce qui
étoit nécessaire à leur subsistance,
ont ignoré si long-tems l'usage du
feu. Hérodote dit que de son tems,
il y avoit des peuples dans la haute
Egypte, qui ne connoissoient point
le feu, & ne l'employoient jamais.
On a regardé long-tems ce récit
comme fabuleux, mais la vérité en
a été prouvée par des faits semblables rapportés par les navigateurs
modernes. Lorsque les Espagnols
abordèrent à Guahan l'une des isles
Marianes, les insulaires ne connoissoient ni le feu, ni son usage
& ses qualités. Ils le prirent d'abord
pour un animal qui s'attachoit au
bois & s'en nourrissoit. Les premiers qui s'en approchèrent trop
s'étant brûlés, leurs cris inspirèrent
de la crainte aux autres, qui n'o-
sèrent plus le regarder que de loin;
ils appréhendèrent la morsure de
ce terrible animal qu'ils crurent capable de les blesser par sa seule respiration. Cette ignorance étoit

fondée sur le peu de besoin qu'ils
avoient du feu, pour les usages
auxquels nous l'employons.

Les tentatives que l'on a faites
pour se procurer une connoissance
exacte de la surface du globe, des
peuples qui l'habitent, & de ses
productions variées, ont fort accéléré les progrès de la physique.
Mille observations ont prouvé qu'il
y a dans les entrailles de la terre
des abymes immenses remplis de
feu, les volcans en sont la preuve.
Leur foyer permanent n'est pas
comme le vulgaire s'imagine, au
fond des montagnes par le sommet
desquelles ils s'exhalent, ce ne sont
que des espèces de soupiraux par
où, dans le tems des fermentations
extraordinaires, le feu jette au-
dehors les cendres, les scories, les
fumées des matières qui lui servent d'aliment. Quand ces feux
n'ont pas ces moyens ouverts pour
s'échapper, ils donnent à la terre
des secousses extraordinaires, en
bouleversent toute la surface, &

parviennent quelquefois à brifer les corps les plus folides qui font obftacle à leur éruption ; ou ils fe répandent dans d'autres cavernes fouterraines, ou à force de fe divifer, ils arrivent à une forte d'inaction, que l'on conçoit ne devoir être que pour un certain tems.

Mais comment ces magafins de matière ignée fe foutiennent-ils toujours ? comment ces éruptions fréquentes, ces fumées continuelles chargées de cendres & de feux, ne les vuident-elles pas entièrement ? On en trouve la raifon dans la circulation générale de la matière, & la durée des ouvrages de la nature. Le feu dans l'idée que nous nous en formons, tire fon aliment & les caufes de fon mouvement, de l'air, de l'eau, de la terre, & par retour il leur rend le mouvement qu'il en reçoit. Tout cela fe fait, comme nous l'avons expliqué au commencement de cet ouvrage, par le moyen du fluide fubtil, ou de la modification la plus parfaite de l'élément, répandu dans toute la maffe de la matière qui forme notre globe, & fans doute l'univers, quelle que foit fon étendue.

Si un des alimens ordinaires du feu vient à manquer, la fubftance même de la terre en fournit bientôt un nouveau, par des conduits fouterrains, cachés à nos regards, de manière que toutes chofes reftent continuellement dans leur état connu, ou au moins pendant la plus longue fuite de fiècles. Nous pouvons en juger par le volcan de l'Etna qui brûle depuis un tems immémorial.

C'eft cette conftance de la nature dans l'enttetien & la reproduction de ces phénomènes étonnans, qui femble affurer aux climats où ils font fixés, cette égalité de température, cette fertilité, cette abondance de productions qui les ont toujours rendus célèbres dans l'hiftoire naturelle du monde. Le fol y eft encore ce qu'il a été autrefois,

T v

& on fait combien les fubftances qui en fortent continuellement par l'évaporation , influent fur l'état des faifons & les qualités de l'air.

Dans quantité d'autres climats, les caufes de l'inégalité de la tem-pérature qui s'y fait fentir, ne viennent-elles pas de l'état du fol même qui n'eft plus ce qu'il étoit autrefois. S'il eft vrai, comme on l'a obfervé, que la plupart des montagnes de France , fur - tout celles de l'Auvergne, aient été au-trefois des volcans , fi on croit en-core y découvrir des veftiges d'é-ruptions dont on ne peut fixer la date ; on doit juger de-là combien il fe trouve d'incertitudes dans les conjectures que l'on forme fur l'état des chofes paffées , par ce que l'on voit actuellement. La viciffitude des faifons que l'on y éprouve, n'eft-elle pas occafionnée par une diftribution inégale du fluide ignée, qui n'agit plus dans ces climats avec autant de conftance & d'é-

nergie qu'autrefois (*a*). Son action
bienfaisante n'est-elle pas enveloppée dans des matières trop compactes, pour que son développement puisse se faire avec facilité.
Il paroît concentré dans une multitude de mines de charbons, dans
des masses énormes de terres bitumineuses, & d'autres matières
inflammables que l'on trouve dans
ces montagnes. Toute son action
y semble singulièrement restreinte
à la formation de quantité de métaux, à des mélanges peu connus,
& qui semblent prouver que ces
terres n'ont pas encore une forme
décidée. Bien loin d'avoir été autrefois des volcans, ces matières n'a-
noncent-elles pas plutôt qu'il pourra
s'y en former quelque jour, lorsque
mises dans une grande effervescence & devenues fluides, elles
s'ouvriront un cours par des canaux

(*a*) *Mém. de l'acad. des sciences*, ann.
1752.

souterrains, pour se rendre à des foyers communs, où il seroit possible qu'elles produisissent un jour des volcans formidables. Ces terres bien loin de perdre quelque chose de leur fécondité, deviendroient d'une fertilité plus soutenue & plus égale : la rigueur du climat s'adouciroit, & on y éprouveroit une autre température beaucoup plus favorable (a).

____

(a) Ne pourroit-on pas encore attribuer toute la disposition du sol de ces montagnes à quelque incendie arrivé à sa surface qui a mis dans une espèce de confusion les matières minérales que l'on y trouve. Autrefois, dit Diodore de Sicile, liv. 5. n. 25. tom. 2. de la traduction de l'abbé Terrasson, « les Pyrenées étoient couvertes d'une » épaisse forêt : mais quelques pasteurs y » ayant mis le feu, elle fut entièrement » consumée. L'embrasement ayant duré » plusieurs jours, la superficie de la terre » parut brûlée, & c'est par cette raison » qu'on a donné à ces montagnes le nom » de Pyrenées. Des ruisseaux d'un argent » rafiné & dégagé de la matière qui le » renfermoit, coulèrent sur cette terre

Que cette circulation générale
soit nécessaire, nous n'en pouvons
douter après ce qui se passe sans
cesse sous nos yeux, à la superficie
même de ce globe que nous habitons. Le soleil secondé du fluide
ignée dissout en leurs parties élémentaires, les fleuves, les lacs, &
les mers, les disperse dans l'air en
vapeurs insensibles. Réunies à une
certaine hauteur, elles se condensent par le froid qui y règne, for-

---

» Les naturels du pays en ignoroient alors
» l'usage, & les Phéniciens qui en con-
» noissoient le prix, leur donnèrent en
» échange d'autres marchandises de peu
» de valeur. » Un incendie arrivé il y a
peu de tems en Croatie, qui a eu un effet
fort semblable à celui dont parle Diodore,
& dont nous avons fait mention dans ce
discours (§. 12.), rend croyable ce que
l'ancien historien raconte des Pyrenées,
& fort probable la conjecture que nous
formons sur les causes qui ont donné à la
plupart des montagnes d'Auvergne ces apparences que l'on prend pour des restes
d'anciens volcans.

ment ces nuages épais de pluies &
de neiges qui restituent aux grands
réservoirs découverts ou cachés,
tout ce qu'ils avoient perdu par
une évaporation continuelle, qui
est aussi sensible, aussi constante,
dans les pays les plus froids, pendant la plus longue absence du soleil, que dans des régions beaucoup plus tempérées.

Les exhalaisons jointes aux vapeurs, s'élèvent & se dispersent de
même dans l'air, ou quelquefois
elles forment des météores ignées,
mais ou elles se confondent plus
souvent dans la substance de l'air
avant que de s'être rassemblées, ou
elles établissent un mouvement
plus égal & plus uniforme. Ainsi
le feu confond ensemble toutes ces
substances diverses, & en fait une
métamorphose continuelle, dans
laquelle les modifications les plus
sensibles de la matière disparoissent;
mais pour revenir bientôt au centre
d'où elles se sont élevées, y rapporter la matière d'une circulation

nouvelle. L'eau, l'air & le feu s'ac-
cordent pour entretenir cette harmonie merveilleuse. L'eau coulant
dans les profondeurs de la terre
entraîne dans son cours diverses
substances qui deviennent l'aliment
des réservoirs du feu, & qui regor-
geant de matières reportent par-
tout la chaleur, par les tuyaux des-
tinés à leur division. Le feu ainsi
multiplié met en mouvement les
réservoirs d'eau, les sels différens,
& toutes les autres substances, en
facilite l'épanchement & l'évaporation, & les divise de façon qu'ils
servent à la formation des végétaux
& des minéraux. C'est ainsi qu'un
mouvement continuel dont le feu
élémentaire est le principe, porte
les diverses substances à se réunir
à des germes, à des matrices, où
les molécules homogènes se rassemblent pour former les différens corps.

Mais l'eau & le feu n'ayant de
mouvement que par le moyen de
l'air, il doit se trouver nécessairement dans l'épaisseur du globe des

magasins d'air qui, comme des poumons, facilitent la respiration de ce vaste corps, & y établissent un principe alternatif de contraction & de dilatation. On doit donc considérer ces magasins comme de grandes cavernes remplies de la matière de l'air proprement dite, disposés de manière que par des siphons innombrables & cachés, il porte en même-tems le feu & l'eau, des profondeurs du globe à sa superficie, tant pour y former les sources, que pour y disperser le feu, dont l'action salutaire entretient cette fécondité étonnante, ces productions de toute espèce, dont la surface de la terre est couverte (a).

―――――――――――――――――

(a) Quelques lacs singuliers que l'on trouve dans les pays les plus froids, & à une grande élévation, semblent en être la preuve. Dans la province de Murray en Ecosse, est le lac Loughness, qui ne gèle jamais, mais conserve sa chaleur ordinaire dans les plus grands froids de

On connoit quelques-unes de ces cavernes singulières, où l'action

---

l'hiver. On n'en trouve pas le fond avec une ligne de cinq cens brasses de profondeur. Au-dessus de ce lac est une montagne de deux milles de hauteur, sur laquelle est un lac d'eau douce & froide qui ne gèle jamais, & qui est toujours également plein dans toutes les saisons de l'année, il est sans fond connu. Le grand lac Wetter en Suède, entre l'Ostrogothie & la Westrogothie, dont les eaux sont de soixante-dix aunes plus élevées que celles de la mer Baltique & de la mer Occidentale, n'est jamais plus agité qu'en hiver; il est alors dans une espèce de fermentation, qui en rend la navigation très-dangereuse. Son agitation précède & annonce les orages. On trouve dans les rochers qui le bordent de l'agathe, des carnioles, de la pierre de touche, des aërites, & d'autres pierres rares & précieuses. Sans doute que l'on en trouve de même dans les autres rochers de ces régions ainsi il n'y a rien de merveilleux dans la découverte que l'on a faite de celui qui est destiné à servir de piedestal à la statue de Pierre le Grand à Pétersbourg. Si ce pays étoit plus connu, on pourroit en trouver de semblables.

du soleil ne peut avoir lieu, & que l'on peut regarder comme un monde particulier qui a ses phénomènes, ses productions, son mouvement, qui ne doivent leur existence qu'à un feu extrêmement atténué & tout-à-fait invisible.

Martinius, dans son atlas de la Chine, rapporte qu'au milieu de cet empire, il se trouve une grande chaîne de montagnes élevées, dont les branches s'étendent au loin, & qui sont très difficiles à traverser, tant elles sont escarpées & pleines de rochers inabordables & de précipices. Mais la nature semble avoir remédié à cet inconvénient en ménageant de vastes grottes qui traversent cette chaîne de montagnes d'un côté à l'autre. Il faut six mois, dit il, pour parcourir ces différentes cavités tant elles ont d'étendue. Ceux qui ont entrepris cette course, en racontent des choses étonnantes & presque incroyables. Ils disent y avoir trouvé la plus grande quantité d'eau, des lacs fort étendus remplis de poissons, des fleuves dont il est aisé de suivre le cours, & qui se répandent dans de larges plaines. On y voit des gazons, des herbes, & des animaux souterrains d'espèces inconnues, qui sans doute vivent d'habitude & multiplient dans ces ténèbres. On ne sait si la lumière très foible que l'on remarque dans quelques endroits vient des crevasses qui se trouvent entre les rochers épais qui couvrent ces régions obscures, ou si elle est produite par une matière lumineuse répandue dans l'air, & qui trouve plus de facilité à se développer dans certains endroits que dans d'autres. Mais ces souterrains ont leurs météores, il y pleut sur-tout, & il y fait du vent ; il y a donc une évaporation établie & constante, à laquelle l'action du soleil ne peut contribuer, & qui est excitée par le mouvement du fluide ignée terrestre, qui seul entretient le mouvement & la vie dans ces grottes immenses.

Quelques montagnes de Perſe dans leſquelles on a pénétré, les cavernes & les eaux du mont Pilate en Suiſſe, peuvent donner une idée de ces vaſtes ſouterrains de la Chine. Les meilleurs livres de géographie atteſtent que l'on trouve par-tout de ces réſervoirs d'air dans le ſein des montagnes, dont les éruptions produiſent des vents ſenſibles. Les montagnes du Thibet, vers les ſources du Gange ont pluſieurs crevaſſes d'où ſortent des vents impétueux accompagnés de bruits horribles. Nous avons parlé des vents oppoſés qui naiſſent des montagnes qui bordent la plaine de Cachemire. On en a trouvé de ſemblables dans les montagnes d'Ethiopie, dans celles du Pérou, en France même & ſur-tout en Auvergne, en Dauphiné & en Provence. Dans les terres les plus ſeptentrionales il y a quelques montagnes au pied deſquelles ſe trouvent des antres d'où il ſort des vents ſi tumultueux & ſi forts, que,

felon Olaus Magnus, ils fuffoquent
ceux qui s'en approchent inconfi-
dérément, ou ils leurs caufent une
douleur de tête & un étonnement
qui dure plufieurs jours, & les hé-
bête en quelque forte. Quelle peut
être la caufe de ces vents locaux &
périodiques ? fi ce n'eft l'action d'un
feu concentré, qui chaffe l'air & le
force de s'échapper avec violence
par les ouvertures qu'il trouve. Si
cette caufe ceffe d'agir, le vent ne
fe fait plus fentir.

La chaleur de l'air extérieur jointe
à celle qui eft propre à la terre,
peut produire de ces vents finguliers
qui doivent également leur exiftence à l'action d'un feu concentré.
Nous citerons pour exemple une
montagne à vent que l'on trouve
en Italie, entre la ville de Terni
& Caftello-fan-Gemini, qui s'étend
du levant au couchant dans un
efpace d'environ huit milles. La
petite ville de Cefi eft fituée fur
la croupe de cette montagne que
l'on peut regarder comme une ef-

pèce de caverne d'Eole, eu égard aux tourbillons de vents qui en sortent en certains tems. Pendant l'été toutes les crévasses de cette montagne, donnent des vents si forts que les habitans de la ville qui est bâtie au dessous, ont imaginé de faire des canaux à vent, comme ailleurs on en fait pour conduire l'eau, disposés de manière qu'ils servent dans les appartemens & dans les celliers à rafraîchir l'eau, le vin & les fruits de toute espèce. Dans les maisons principales, ces canaux sont faits avec beaucoup d'art & garnis de pistons, de manière qu'on ne laisse pénétrer l'air que dans la quantité que l'on veut. On s'y ménage des réservoirs où l'on place les liqueurs & certaines denrées qui s'y rafraîchissent beaucoup sans se glacer.

Ces vents ne soufflent qu'en été, quatre heures avant midi, autant après; ils cessent ensuite peu à peu de manière que pendant la nuit on ne s'apperçoit pas de leur existence,

leur force est proportionnée à celle
de la chaleur. Ces mêmes canaux
ont une force attractive en hiver,
ils engloutissent les corps légers
que l'on expose à leurs ouvertures ;
ils y sont entraînés par l'air extérieur qui s'y précipite avec d'autant plus de violence, que le froid
est plus sensible. Dans l'été ceux
que la curiosité conduit dans les
cavernes d'où sortent ces vents,
n'y ressentent pas ce froid saisissant
qui cause ailleurs une contraction
générale souvent suivie de la fiè-
vre : ces vents secs & frais rafraîchissent le corps sans occasionner
aucune altération à l'économie ani-
male ; au contraire on sait par expérience qu'ils contribuent d'une
manière sensible à la santé & à la
longue vie des habitans des environs.

On a imaginé plusieurs causes
de ces vents, même après en avoir
examiné le local. On a dit que c'é-
toient des cataractes renfermées

dans le sein de ces montagnes, qui
agissant sur l'air intérieur, le for-
çoient d'en sortir : mais en ce cas
ces vents devroient se faire sentir
l'hiver autant que l'été, la nuit
comme le jour ; ce qui est contre le
fait même. D'autres ont prétendu
que des vents plus éloignés de terre
où de mer, sortant des cavernes
souterraines où ils s'étoient engouf-
frés, parvenoient enfin à la montagne de Cesi, dans laquelle ils
trouvoient des issues pour s'échapper. Mais si cela étoit, ils seroient
plus violens en hiver qu'en été ;
c'est la saison où les vents sont le
plus impétueux dans cette contrée.
On a encore attribué leur origine
au mouvement de la mer voisine,
à cette espèce de flux qui se fait
sentir dans la mer Adriatique,
dont les flots agissans sur un certain
espace de terre correspondant par
des canaux à ces montagnes, forcent l'air qu'elles contiennent à en
sortir. Mais ce sont autant de vai-
nes

nes idées que la connoiſſance &
l'examen du fait annéantiſſent (*a*).

Ce phénomène ſingulier n'a
point d'autre cauſe que la raréfaction & la condenſation alternative de l'air. 1°. Il faut ſuppoſer
que tout l'intérieur de cette montagne eſt plein de cavités, les habitans du pays les connoiſſent en
partie, & pluſieurs voyageurs
étrangers ont découvert qu'après
avoir marché quelque-tems dans
des détours obſcurs, on arrive ſur
les bords de précipices inabordables, de la plus grande étendue.
Si l'on y jette des pierres, on entend après quelque intervalle un
bruit d'écho très-fort, & qui s'é-
tend au loin, ce qui ne laiſſe aucun doute ſur l'étendue des cavités de ces montagnes. 2°. Toute
la maſſe des rochers dont cette
montagne eſt couverte, eſt pleine

(*a*) *V. Kirkeri, mund. ſubterr. tom.* 1.
l. 4. *c.* 10. §. 4. *fol. Amſtel.* 1665.

Tome IX.   **V**

d'ouvertures, de fentes, de crevaſſes, non-ſeulement du côté de Ceſi, mais encore de celui de la petite ville d'Acqua Sparta, qui eſt ſur le penchant oppoſé de la montagne, & où on a les mêmes effets de vent qu'à Ceſi. 3°. Cette chaîne de rochers contiguë qui couronne la montagne, eſt abſolument nue, & s'échauffe ſi prodigieuſement en été par la réflexion du ſoleil entre les inégalités de ſa ſurface, que l'on y reſſent la chaleur la plus vive & la plus inſupportable, ſur-tout aux environs de midi, où tous les animaux s'éloignent de ces rochers brûlans.

De ces connoiſſances il réſulte que l'air & les vapeurs renfermées entre ces rochers, étant prodigieuſement attenués & raréfiés par l'excès de la chaleur réfléchie de toutes parts, ſe dilatent en tout ſens & pénètrent dans les cavités de la montagne par les ouvertures dans leſquelles ils s'inſinuent. Mais ſe trouvant d'une qualité différente avec l'air intérieur que l'on peut regarder comme stagnant, il y a action & réaction de l'un sur l'autre : leurs qualités se mêlent & se confondent : il se forme des tourbillons intérieurs par lesquels est agitée toute la masse de l'air renfermé, qui se dilatant également, & ne pouvant plus tenir dans les cavités où elle étoit d'abord contenue, s'échappe par toutes les ouvertures qu'elle trouve libres, à certains tems déterminés, sur tout lorsque la chaleur du dehors est la plus forte. Comme elle est la cause la plus sensible de ce mouvement, il est naturel que, dès qu'elle cesse, le vent intérieur s'appaise. On peut donc regarder l'air renfermé dans ces cavités comme un fluide qui reste dans une espèce d'inertie, tant qu'il n'est pas mis en jeu par une cause étrangère, & dont le froid naturel à ces cavités diminue beaucoup le volume, en le resserrant. On ne doit donc pas s'étonner que pendant l'hiver, l'air

extérieur se précipite par les orifices des canaux à vent, & prenne
sa direction du côté de la montagne, d'où il vient en été. Ce
sont ces variations du froid & du
chaud qui établissent par tout des
différences dans l'état de l'air &
dans ses mouvemens, que les anciens attribuoient à l'horreur que
la nature a pour le vuide ; c'étoit
une de ces causes occultes qui
avoient pris naissance dans l'école
d'Aristote.

Cependant ces mêmes anciens,
ont formé les plus heureuses conjectures sur l'état intérieur de la
terre, qu'ils connoissoient si peu.
„ Les loix de la nature, dit Sénè-
„ que, sous la terre & dans ses
„ profondeurs nous sont moins
„ connues, mais ne sont pas moins
„ fixes & certaines, croyez que tout
„ ce que vous voyez se passer à sa
„ surface, arrive dans l'intérieur.
„ Il y a de grandes cavernes, il y
„ a des retraites & des espaces im-
„ menses, au-dessus desquels les

» montagnes & les rochers sont
» suspendus , il y a une infinité
» de gouffres escarpés , qui souvent
» ont englouti des villes entières
» & occasionné des ruines affreu-
» ses «. (a).

Depuis la découverte du nouveau monde , où les agitations extraordinaires de la terre , que l'on
pourroit regarder comme convulsi-
ves , font plus fréquentes que par-
tout ailleurs , on a vu des montagnes s'abymer dans des gouffres
ouverts au-dessous d'elles , & ne
présenter à leur place que de grands

(a) *Sunt & sub terra minus nota nobis
jura naturæ , sed non minus certa. Crede
infrà quidquid vides suprà. Sunt & illic
specus vasti , sunt ingentes recessus , &
spatia suspensis hinc inde montibus laxa.
Sunt abrupti in infinitum hiatus qui sæpe
illapsas urbes receperunt , & ingentem in
alto ruinam condiderunt. Hæc spiritu plena
sunt. Nihil enim usquam inane est , &
stagna obsessa tenebris & locis amplis. Animalia quoque illis innascuntur , sed tarda
& informia , ut in aëre cæco pinguique
concepta.... Natur. quæst. lib. 3. cap. 16.*

amas d'eaux sans fonds. On voit par tout des changemens continuels de mers en terres, & de terres en mer ; le feu, cet agent universel, ce principe du mouvement de la nature, concentré dans un espace trop étroit est capable des plus grands efforts. On le voit soulever des entrailles de la terre, des masses énormes de rochers, qu'il élève au-dessus des eaux qui les couvroient : la terre & les mers sont violemment agitées tant que son action n'est pas assez divisée pour être insensible. Le calme se rétablit & dure jusqu'à ce que d'autres matières rassemblées dans les cavités intérieures lui donnent une nouvelle existence.

On pourroit assigner plusieurs de ces cavernes dans les deux hémisphères, connues par les ruines qu'ont causées les secousses de la terre, & ce qu'il y a d'étonnant c'est que dans la plupart de ces révolutions, la matière ignée ne fait aucune éruption au-dehors,

il semble que ce soit son dernier
effort qui brise les obstacles qui
l'arrêtoient, & qu'elle périt au
moment qu'elle l'emporte sur eux.
Le 4 mars 1584, après des secousses réitérées de la terre, qui durèrent deux jours & deux nuits, &
qui avoient fait une large crevasse
à une montagne derrière laquelle
étoient les villages d'Ivorne & de
Corberi, dans le canton de Berne,
une grande partie de cette montagne s'écroula tout d'un coup, &
couvrit soixante-neuf maisons de
ces deux villages où périrent cent
douze personnes. Il n'y eut dans
tout ce bouleversement aucune explosion sensible de feu. Le 23 septembre 1714, dans les glacières du
canton de Wallis, le sommet de
la montagne appellée les Diable-
rets, s'écroula tout d'un coup, &
couvrit en se renversant plus d'une
lieue de terrein cultivé & une partie du mont Cheville ; quatre torrens furent arrêtés & changèrent
de cours, ce qui étonna c'est que

V iv

l'on entendit parmi les ruines une eſpèce de bruiſſement très-fort qui dura, dit on, vingt-quatre heures (a).

Les Annales de la Chine font mention de pluſieurs tremblemens de terre qui ſe ſont fait ſentir dans ce vaſte empire, & qui y ont cauſé les plus grands ravages. Souvent on y a vu la terre s'entr'ouvrir, & engloutir les édifices dont elle étoit couverte. Le 2 ſeptembre 1679, quantité de palais & de temples à Peking, une partie des murailles & des tours de la ville furent renverſés, il n'y eut que quatre cens perſonnes accablées ſous les ruines; mais il en périt plus de trente mille dans une ville voiſine nommée *Tong-Tcheou.* Les ſecouſſes ſe firent ſentir de tems en tems pendant trois mois, & furent terminées par l'incendie du palais

____

(a) *Hiſt. naturelle des glacières de Suiſſe,* in-4°. 1770.

impérial qui parut tout d'un coup
en feu, sans que l'on pût découvrir par où il avoit commencé. Il
fut réduit en cendres en très-peu
de tems.

Le 11 juin 1720, il y eut un
autre tremblement de terre à Peking, dont les plus fortes secousses se firent sentir à neuf heures
du matin pendant deux minutes,
le lendemain elles revinrent à sept
heures du soir & continuèrent
l'espace de six minutes; il n'y périt que mille personnes sous les
bâtimens qui s'écroulèrent. Mais
le plus extraordinaire que l'on ait
jamais éprouvé en aucun autre lieu
du monde, est celui qui arriva encore à Peking le 30 novembre
1731. Les deux premières secousses opposées entr'elles se firent
sentir à onze heures du matin, &
furent si vives que l'on ne s'en apperçut que par le bouleversement
des édifices. Leur effet fut semblable à celui d'une mine qui auroit
fait sauter les maisons en l'air &

V v

auroit ouvert la terre où elles s'abymoient. Plus de cent mille personnes furent accablées sous leur ruines dans la ville. Il y en eut davantage à la campagne où des bourgades entières, furent détruites ou englouties. Ce qu'il y eut de plus singulier, c'est que les secousses n'eurent pas un effet égal dans la ligne qu'elles parcoururent: la terre sembloit n'avoir tremblé que par soubresauts, & par intervalles séparés les uns des autres. Il y eut des espaces où l'on s'en apperçut à peine. Les deux premières secousses contraires & précipitées causèrent tout le désastre, qui fut d'autant plus marqué, que tous les édifices les plus solides furent renversés. Elles furent suivies dans le reste de la journée, & la nuit suivante, de vingt-trois autres secousses, mais beaucoup plus légères (a). Quel désastre plus horrible

––––––––––––––

(a) *Description de la Chine par le P. Du Halde, in-4°. tom. 1. la Haye* 1736.

n'eût pas caufé un tremblement de terre de cette efpèce dans les grandes villes de l'Europe, ou l'élévation des édifices & leur maffe, euffent bien moins réfifté encore à la violence des fecouffes, que les maifons baffes & fi légèrement conftruites des orientaux.

Le 23 juin 1733, le village de Pardines en Auvergne fut englouti par la terre : les habitans furent affez heureux pour s'appercevoir que leurs maifons s'enfonçoient vifiblement , & ils s'enfuirent tous.

La nuit du 24 au 25 mai 1750, on entendit dans la vallée de Lavedan, dans le Bigorre , un grand bruit femblable à celui d'un tonnerre fourd. Ce bruit fut fuivi de plufieurs fecouffes de tremblement de terre qui durèrent jufqu'au lendemain, & ne finirent que vers dix heures du matin. Les ébranlemens les plus forts fe firent fentir entre S. Savin & Argdes. Une pièce de roc enfeveli dans la ter-

V vj

re, & de laquelle il ne paroiſſoit qu'une partie, fut jettée hors de ſa place & tranſportée à quelques pas : le creux qu'elle occupoit, fut rempli par la terre qui s'éleva deſſous. Un Hermite qui habitoit une montagne voiſine, dit qu'il avoit entendu les rochers ſe froiſ-ſer avec un ſi terrible bruit, qu'il lui ſembloit que la montagne al-loit s'abymer. L'alarme fut grande dans ce canton & ſur-tout du côté de Lourdes : les habitans couru-rent à la campagne ſe loger ſous des tentes. La tour du château de cette dernière ville, dont les murailles ſont d'une épaiſſeur prodigieuſe, fut lézardée d'un bout à l'autre, & la chapelle preſ-que entièrement renverſée. Plu-ſieurs maiſons de quelques villa-ges voiſins furent abſolument dé-truites, & un nombre conſidéra-ble d'habitans périrent ſous leurs ruines. Les voûtes de l'égliſe de l'abbaye de S. Pée furent entr'ou-vertes. A Tarbes on ſentit le même jour quatre fecouffes depuis dix heures du foir jufqu'à cinq heures du matin. Le 26 on en reffentit encore trois, dont une renverfa une ancienne tour de la ville, & fit quelques fentes à la voûte de l'églife cathédrale : ces fecouffes furent toujours précédées de mugiffemens fouterrains. A Pau les cloches fonnèrent d'elles-mêmes, & les maifons furent vivement fecouées, mais fans qu'il en arrivât aucun accident. Ce même tremblement de terre fe fit fentir à Touloufe, à Narbonne, à Montpellier, à Rhodez, à Saint-Pons, en Saintonge & dans tout le Médoc (a).

Ces phénomènes multipliés, ces mouvemens de tempêtes auffi violens dans l'intérieur du globe que dans la vafte étendue de l'atmofphère, annoncent par-tout la

____

(a) *Mém. de l'acad. des fciences, ann.* 1750.

préfence & l'action du même agent, qui n'eft fenfible que par fes effets, & qui lorfqu'il furabonde en quelques parties y caufe les révolutions les plus étonnantes. C'eft donc avec raifon que les phyficiens les plus éclairés, prétendent que le fluide ignée eft répandu par-tout; mais ils doivent convenir en même-tems que c'eft en inégale quantité.

Le thermomètre, difent-ils, prouve que dans la même température, tous les corps y font fufceptibles du même degré de chaleur, & que par conféquent le feu y exifte en même quantité, effet qu'ils attribuent à une qualité effentielle du feu, par laquelle il tend toujours à fe mettre en équilibre avec les corps qu'il pénètre. Tous les corps, felon eux, & les parties de tous les corps expofées à un feu égal, acquièrent enfin le même degré de chaleur. Si on approche d'un corps ardent, un corps quelconque très-froid, le premier perd autant de sa chaleur que le second en acquiert, jusqu'à ce que chacun des deux corps soit à un degré égal de chaleur. C'est pour cela que les corps les plus échauffés se refroidissent enfin; & si on apperçoit que le feu soit inégalement répandu dans divers corps; si les uns paroissent essentiellement froids, tandis que les autres conservent toujours quelque sentiment de chaleur, c'est que quelque cause étrangère, trouble l'équilibre du feu, & l'empêche de se répandre également dans le corps que l'on regarde comme froid. Telle est cette propriété découverte, il y a quelque tems, dans le feu & dont on fait honneur au célèbre Boerhaave : elle met le feu au rang des fluides ordinaires. Mais cet équilibre prétendu est-il bien dans sa nature? s'accorde-t-il avec cette activité merveilleuse & souvent si effrayante que l'on connoît? ne semble-t-il pas au contraire que la plupart des phénomènes du feu restreignent cette prétendue propriété générale, dont on a voulu faire la base d'un nouveau système, à quelques effets particuliers à certains corps, où la matière ignée paroît plus rassemblée, parce qu'ils sont plus susceptibles de ce mouvement nécessaire à son développement? Au reste, quoiqu'il en soit de la vérité de cette opinion, que je ne prétends ni combattre ni adopter; il n'est pas douteux que tous les corps étant susceptibles de mouvement & de chaleur, ils renferment tous une certaine quantité de particules ignées. La nature ou l'art rendent quantité de corps brillans ou phosphoriques dans les ténèbres. Les expériences de l'électricité en tirent des étincelles flamboyantes : voilà ce qui prouve le mieux que le fluide ignée est répandu dans tous les corps ; mais ce qui apprend en même tems qu'il n'y est pas en égale quantité, & que les causes qui empêchent son équilibre prétendu sont si multipliées, qu'il est difficile de le regarder comme une des propriétés conſtantes du feu, & une des loix de la nature.

§. XXI.

Réflexions ſur les cauſes ſecondes, appellées loix de la nature.

On a obſervé que tous les corps ſe meuvent en vertu de certaines loix, quelle que puiſſe être la cauſe qui les met en mouvement, & ces loix ſont celles de la nature. Elles ſont conſtantes & invariables, car on en remarque toujours le même effet chaque fois que les corps ſe rencontrent dans les mêmes cir-conſtances. Les corps qui ſe cho-quent ſuivent conſtamment les mêmes loix, quant à la perte qu'ils font de leur mouvement dans le choc, & quant à la quantité de mouvement qu'ils communiquent aux corps choqués. De-là celui qui a obſervé & qui connoît le mieux ces loix est à portée de prévoir les effets qui en doivent suivre.

Ces loix ne se connoissent que par le secours des sens. Le génie le plus pénétrant & le plus sage, dans ses réflexions les plus suivies, ne seroit pas capable d'en découvrir aucune, par la méditation la plus profonde, s'il n'avoit l'idée d'aucune, & s'il ne l'avoit acquise par l'observation. Tout ce qu'il peut espérer de mieux, c'est de tirer des conséquences heureuses, qui le déterminent à faire de nouvelles observations , d'autres expériences pour découvrir si ses réflexions & ses raisonnemens sont conformes aux loix de la nature qu'il tâche de découvrir.

Les loix de la nature ne sont donc, par rapport à nous, que de simples effets, que nous trouvons toujours les mêmes, dans les mêmes circonstances. Ces loix peuvent à la vérité dépendre d'une autre loi générale, plus simple que tous les effets combinés, auxquels nous donnons le nom de loix. Mais nous ne connoiſſons pas cette liaiſon & cette dépendance, & tout ce que nous pouvons appercevoir de plus précis, par rapport aux divers phénomènes de la nature, c'eſt qu'ils doivent leur origine à une longue ſuite de cauſes qui ſe ſuccèdent les unes aux autres. C'eſt ce qu'on appelle les cauſes ſecondaires, qui dérivent toutes d'une cauſe première, de ces loix que l'auteur de la nature a imprimées à la matière dont il a formé l'univers: loix permanentes & invariables, parce qu'elles procèdent d'une volonté parfaite & immuable.

Ainſi chaque fois que le même phénomène ſe préſente à nos recherches, l'obſervation, ſi elle eſt bien faite, nous apprend qu'il ſe rapporte aux mêmes loix. C'eſt à ce point que nous devons nous borner pour connoître ce qui eſt naturel ou ſurnaturel. En vain nous entreprendrions de remonter juſqu'aux cauſes de ces loix. Ce ſeroit une entreprise téméraire qui ne serviroit qu'à développer la folie de nos prétentions. Quels que puissent en être les résultats possibles, ils seront toujours les mêmes par rapport à nous, parce que jamais nous ne connoîtrons la puissance du premier principe qui les emploie : & si quelque phénomène nouveau nous surprend & paroît déranger nos combinaisons, nous ne devons nous en prendre qu'à nos vues bornées, qui nous empêchent de suivre les loix connues dans toute l'énergie de leur produit.

Rien n'est plus sage & plus simple, que le principe que le célèbre Newton établit à ce sujet. (*philos. natur. princip. mathem. lib.* 4.) « On » ne doit admettre pour véritables » causes des phénomènes de la na- » ture, que celles que l'on connoît » pour être véritables, & dont la » réalité est démontrée par des ex- » périences & des observations plu- » sieurs fois réitérées, de différentes » manières & qui suffisent pour » rendre raison des phénomènes

»que l'on doit expliquer ». La vérité même semble avoir dicté cette maxime, personne n'étoit plus capable d'en sentir la force que celui qui nous la propose; elle est si sensible que l'intelligence la plus médiocre suffit pour la concevoir. Mais en quoi l'on se trompe, c'est dans les observations & les expériences : on les fait, non pour découvrir si un systême quelconque est conforme à ces loix primitives ou causes secondaires, mais si elles servent à le prouver : & dans cette prévention, pour faire valoir des idées nouvelles, on fait ses expériences & ses observations de manière à y trouver la confirmation de l'hypothèse que l'on veut établir. C'est un écart total de la route de la vérité, dont les plus grands génies ont eu peine jusqu'à présent à se garantir.

Cependant tous conviendront qu'on ne doit admettre pour loix de la nature, que celles que ses phénomènes indiquent clairement & dont ils démontrent l'existence;

foit par leur connexion néceffaire avec les caufes dont on les déduit; foit parce que ces caufes fupprimées le phénomène n'exifteroit plus. Il faut convenir que les procédés de l'art ont merveilleufement fervi à nous faire connoître la réalité des caufes de la plupart de ces phéno-mènes, quand en traitant quelques corps, auxquels on foupçonnoit qu'ils devoient leur apparence, d'une manière conforme aux loix préfumées de la nature, on en a eu les mêmes réfultats : alors il n'eft plus refté de doute fur leur origine : leurs variations mêmes, n'ont dû caufer aucun embarras.

La nature a des forces & des ref-fources inconnues à l'art : une mê-me caufe dans fes mains, peut don-ner à un même phénomène une énergie qui étonne, & pour cela il n'eft pas néceffaire de recourir à une caufe extraordinaire & furna-turelle : la véritable exifte dans la difpofition de la matière, & elle fuffit à la production du phéno-mène. Si quelques-uns des effets qu'elle nous préfente, fortent de l'ordre des principes que nous nous fommes faits d'après l'obfervation; ne vaut-il pas mieux convenir que nos lumières font trop foibles pour fuivre dans tous fes effets une caufe bien reconnue, que d'imaginer quelques hypothèfes incertaines, vagues & fouvent erronées, qui ne fervent qu'à embarraffer la carrière de l'hiftoire de la nature, de difficultés d'autant plus difficiles à furmonter, qu'elles font affermies par le nom de ceux qui les ont propofées comme des moyens de parvenir à la vérité? C'eft ce qui arrive tous les jours, même à ceux que l'on regarde comme des chefs à fuivre : on a plutôt fait de les croire fur tout ce qu'il leur plaît d'avancer, que d'entreprendre une difpute, que la multitude de leurs partifans rendroit inutile. Eux-mêmés pour jouir d'une réputation qui les flatte, ne craignent point de lui facrifier la vérité, en ajoutant à leurs obfervations & à leurs expériences quantité de circonf-

tances qui favorisent leurs prétentions, mais qui n'éxistèrent jamais
que dans leur imagination. Légis-
lateurs nouveaux, ils posent des
règles certaines à toutes les opérations de la nature, même les plus
difficiles à concevoir : il semble que
l'auteur de la nature les ait admis
dans le secret le plus intime de ses
desseins, & qu'il les ait envoyés
exprès pour dévoiler des loix inconnues jusqu'à eux. Rien n'é-
chappe à leurs recherches, les ténèbres les plus épaisses ne sont pas
capables d'obscurcir la lumière qui
les environne, & qui souvent n'est
sensible que pour eux. Mais ils
avancent avec tant de sécurité les
prétendus principes auxquels la sa-
gacité de leurs méditations les a
élevés, que personne n'ose les con-
tredire. Ils sont assurés d'un succès
étonnant s'ils savent présenter leurs
idées sous un appareil fastueux,
propre à en imposer à la multitude
qui s'en laisse éblouir.

Fin du Tome neuvième.

TABLE
DES MATIERES
DU TOME NEUVIEME.

A

B

Tome IX. X

D

E

F

N

Fin de la Table du Tome neuvième.

De l'Imprimerie de P. AL. LE PRIEUR.